KB041337

전후 일본의 과학기술

KAGAKUGIJUTSU NO SENGO-SHI(전후 일본의 과학기술)

by Shigeru Nakayama

Copyright © 1995 by Shigeru Nakayama

Originally published in Japanese

by Iwanami Shoten, Publishers, Tokyo, in 1995.

한림신서

일본학총서 38

전후 일본의 과학기술

나카야마 시게루 지음

오동훈 옮김

한림신서 일본학총서 38

전후 일본의 과학기술

초판인쇄   1998년 6월 30일
초판발행   1998년 7월 7일

지은이   나카야마 시게루
옮긴이   오동훈
발행인   고화숙
발행처   도서출판 소화
등   록   제13-412호
주   소   서울시 영등포구 영등포동 94-97
전   화   677-5890, 636-6393
팩   스   636-6393

ISBN 89-85883-99-2

값 4,000원

차례

머리말

시작하면서

제2차 세계대전 후 세계 과학기술의 발전은 냉전 구조 속에서 이루어져 왔다. 생각해 보면 그 사이 과학기술의 최전선은 '핵'과 '우주'라는 두 기둥을 둘러싸고 미국과 소련의 군산(軍産)복합체가 거대과학을 전개하여 왔다. 좀더 정확하게 말하면 원자폭탄과 우주무기를 둘러싸고 미·소간의 대립과 경쟁이 연구개발의 주요한 동기가 되어 왔던 것이다.

그런데 그 속에서 일본의 과학기술은 상당히 다른 길을 걸어 왔다고 말할 수 있다. 즉 이 두 기둥과는 별다른 관련없이 오직 시장을 목적으로 한, 말하자면 상업적 과학기술을 철저하게 추구하여 왔던 것이다. 그리고 1990년대가 되어 전후 반세기에 걸쳐 계속되었던 냉전 체제가 급속하게 붕괴되고 군산복합체가 해체되는 과정에서 다시금 일본 과학기술의 방식이 국제적으로도 주목을 받기에 이르렀다.

그 동안 많은 일본인들은 일본의 과학기술이 미국을

위시하여 서양 여러 나라들과 비교할 때 몹시 뒤떨어졌다는 자기 반성을 해 왔다. 확실히 과거 서양의 기준을 가지고 보자면 그렇게 말할 수 있을 것이다. 그러나 동시에 서양이라 하더라도 19세기에 정점을 이룬 독일의 과학과 20세기에 거대과학을 만든 미국의 과학은 모습이 다르다. 미국이나 독일의 과학처럼 이제는 전후의 과정에서 일본이 과학기술의 '새로운 형태'를 만들었다는 시각을 가질 수는 없을까?

그래서 이 책에서는 패전에 의한 일본 과학기술의 방향 전환에 출발점을 두고 전후의 발자취를 더듬어 봄으로써 '과연 일본이 새로운 형태를 만들었는가 혹은 만들었다면 어떤 것이었는가'라는 관점에서 동서가 대립한 50년 동안에 일본이 걸어 왔던 길을 검토해 보려고 한다.

기승전결

농담 같지만 이 일본형(日本型)을 만들면서도 전후 일본의 발전을 크게 나누어 한시의 '기승전결(起承轉結)'로 대별할 수 있지 않을까 생각한다.

요컨대 전후 1950년대까지가 '기'인데 그 전반부를 점하는 점령기의 점령정책과 강화 후의 일본의 정책에 의해 전후사의 기점이 정해진 시기이다. 이를 이은 1960년대는 '승'에 해당하는 시기로 고도의 경제성장이 이루

어졌다. 하지만 환경 문제와 오일쇼크로 방향 전환이 강
력하게 이루어졌던 1970년대가 '전' 그리고 이전 시기의
변증법적 종합으로서 1980년대가 '결'이 된다. 이러한
구분은 지나치게 단순화된 면도 없지 않으나 이와 같은
입장에서 이 책을 서술하려 한다.

나카야마 시게루(中山茂)

1장 점령정책의 영향(1945~1952) : '起' 의 위상

1. 패전

　1945년 8월 15일을 기하여 일본의 역사는 대변환을 겪었다. 누구나 알고 있듯이 일본의 패전이 그것이다. 천황의 항복 방송과 함께 길게 끌어 왔던 전쟁은 끝났다. 그래서 온갖 가치의 전환이 일어났다.

　전시(戰時)에 일본인들은 만세일계(萬世一系)의 천황 아래 아직껏 외국으로부터 지배를 받은 일이 없는 '빛나는 역사' 에 관한 국수주의자들의 설교를 들어 왔다. 확실히 일본 역사에서 외국에 의한 점령이라는 경험이 없었기 때문에 지금부터 어떻게 될 것인가, 어떻게 하면 좋을까 하는 것은 아무도 모르는 일이었다. 혼란과 허탈 상태가 계속되었다. 그것은 역사상 유래가 없던 일이며 이후로도 없을 특이한 시기였다. 과학기술사에서도 꼭 같은 얘기를 할 수 있다.

　점령군이 오면 접수될 것 같았기 때문에 우선 가능한 한 군사적인 색채가 있는 자료는 태워 버려, 도처에서 자료를 태우는 연기가 치솟았다. 사실 일본측에서는 8월 15일 이전부터 이런 일을 예상하고 어차피 접수될 것이라면 일본인에게 나누어 주자는 의견이 있어 군수 자료가 상당 부분(일설에는 육군 자료의 3분의 1)이 암시장으로 유출되었다. 또한 군 관계 도서 종류는 히비야(日比谷)도서관 혹은 도쿄(東京)대학 도서관 등 군과 관계가 없는 장소에 은닉하여 보존하려 하였다.

　특히 과학기술자들에게 패전 직후는 수난의 시기였다. 전쟁중에 전쟁 목적의 달성을 위해 과학기술자는 확실히 우선배치를 받고 있었다. 군사과학의 연구개발과 군수물자의 생산을 위해 이과계 학생에 대해서는 징병유예의 특권이 주어졌고, 졸업 후에도 기술장교로서 무기를 생산하는 곳에 종사하면 최전방 전선으로 징발되는 것을 모면할 수 있었다. 그래서 전쟁 말기는 문과계는 거의 괴멸 상태에 이르렀지만 이공계는 확충되었던 것이다. 그러나 전후는 군사시설이 해체되고 군수공장은 폐쇄되었으며 산업은 피폐하여 과학기술자로서 마땅한 직업을 가질 수 없었다. 갈 곳이 없어 과학기술을 떠나 암거래상으로 먹고 사는 사람도 나타나게 되었던 것이다. 학생 대부분은 이과의 장래가 불투명함에 절망하여 문과계로 옮겼다.

　전시중에 가장 인기있는 학과로서 우수한 인재를 모았던 항공기 관련 학과 출신자들은 점령중의 항공기 연구개발 및 생산 금지에 의해 어려움을 겪게 되었다. 전쟁이 끝나 자신이 몸담고 있던 대학으로 돌아가려 해도 그 학과는 이미 존재하지 않았다. 일찍이 '항연기(航研機)'를 만들어 세계에 그 명성을 떨쳤던 도쿄제국대학 부설 항공연구소는 이공학연구소로 이름을 바꾸어 살아남을 수 있었지만, 풍동(風洞)의 실험설비가 점령군에 접수되어 오랫동안 사용하지 못하였다.

　도쿄제국대학을 비롯한 각 제국대학에서도 군 관련 과목은 폐지될 운명에 처하게 되었다는 것은 불 보듯 뻔한 일이었기 때문에 점령군이 오기 전에 과목의 이름을 바꾸어 살아남으려는 정책을 취하였다. 전쟁 이전의 일본과학은 군사적 파행 혹은 군사에만 중점을 두고 발전되어 왔다고 이야기되는데, 실제로 메이지(明治) 이래 제국대학의 공과대학에는 '조병(造兵)' 학과, '화약(火藥)' 학과 등 전쟁 관련 학과가 설치되어 있었다. 이들 학과는 물론 항공기 관련 학과도 군용기 전용이었기 때문에 폐지될 운명에 처했다. 그래서 대학 당국은 조병학과를 정밀공학으로, 항공기학을 응용수학으로 이름을 바꾸어 그대로 조직과 사람을 온존시키려 하였다. 화약학은 화학과에 흡수되었다.

의외인 것은 그 후 점령군에 의해 전자 관련 학과가 전쟁에 관련되었다는 이유로 폐지를 명령받은 일이다. 레이더에 응용되어 군사적 의미가 강한 것으로 보였기 때문이다. 이것도 '전자' 대신 '전기'라는 용어를 사용하여 겨우 폐지를 면할 수 있었다.

일본 재건론

1945년 8월 15일 스즈키 간타로(鈴木貫太郎, 1867~1948) 수상은 앞으로 "이번 전쟁에서 최대의 결함이었던 과학기술의 진흥에 힘쓸 것이다"라고 방송하였다. 점령군이 오기까지의 공백 기간에 마에다 다몬(前田多門, 1884~1962) 문부성장관은 "일본은 군사보다 합리적 사고에 중점을 둔 과학교육을 진흥시키려 한다"고 말하였다. 또한 전시중 기술원 총재였던 야기 히데쓰구(八木秀次, 1886~1976)는 "일본은 과학전에서 졌기 때문에 지금부터는 과학을 진흥하여 평화국가를 건설하자"고 역설하였다. 과학을 진흥시켜 또다시 전쟁을 하자는 것은 아니었다.

한편 전쟁중에 대일본언론보고회에 관여하여 과학자를 제일선으로 내보내는 등 전쟁에 협력하였던 도쿄대학 항공연구소 교수 도미쓰카 기요시(富塚清)는 전쟁에 패하였기 때문에 지금부터는 무기 생산의 기초가 되는 중공업보다도 시계 같은 정밀공업을 진흥시켜 스위스 같은 평화국가를 만들자고 주창하였다. 또한 전쟁중의 언론탄압에서 해방되어 자유롭게 자신의 의견을 말할 수 있게 된 지식인들은 감동하였다. 그리고 많은 일본인들은 일본 재건론을 만들어 여러 의견을 내놓기에 이르렀다.

그러나 "일본인은 과학기술의 발달에 의해 원폭을 맞아 참혹한 지경에 이르렀기 때문에 이제 과학기술은 지긋지긋하다"라는 의견은 전혀 나오지 않았다. 과학은 전쟁 때부터 평시로 이동하면서 누구한테도 비난받지 않고 전후의 세계에까지 살아남았던 것이다. 군적에 있거나 특수한 단체에 관계했던 인물을 제외하고 과학자가 전쟁범죄인 혹은 공직추방자로 지정된 예는 전혀 없었다. 뿐만 아니라 많은 사람들은 과학에 의해 국가를 재건하자고 생각했다. 과학이 전쟁과 관련없이 이용가치가 있는 것으로 기대되었기 때문이다.

이상과 같은 개인적 발언과는 별도로 패전 직후의 혼란기에 새롭게 태어난 과학자 그룹 중에서 특히 영향력이 강했던 두 그룹이 있다. 하나는 1946년 1월에 발족된 민주주의과학자협회인데, 그 강령에는 '과학의 창조와 보급을 통해 민주주의 일본을 건설한다'는 것이 있었다. 민과에는 사회과학자, 유카와 히데키(湯川秀樹, 1907~1981), 도모나가 신이치로(朝永振一郎, 1906~1979) 같은 자연과학자는 물론 현장의 기술자도 참가하여 자유롭게 향후 일본 과학이 나아갈 바를 토론했다. 초대 회장은 민중을 위한 수학을 역설하였던 수학자 오구라 긴노스케(小倉金之助, 1885~1962)였다. 그들은 세계를 향해 민주주의와 과학의 결합을 호소하였다. 일본인이 모두 자신을 잃고 있을 때 그만큼 그들의 의기헌앙(意氣軒昂)한 처지를 볼 수 있다. 기분은 착잡하지만 머리는 해방감에 젖어 있는 기묘한 시대였다. 곧 이 그룹은 일본학술회의에서 정부에 대해 비판적인 입장을 자주 보이게 된다.

또 하나의 그룹은 1946년 외무성의 일본 재건안에 대한 보고서에서 비롯되었다. 이 보고서는 나카야마 이치로(中山伊知郎), 아리사와 히로미(有澤廣巳), 오키타 사부로(大來佐武郎), 쓰루 시게토(都留重人) 등 자유주의자에서 좌익계열 학자들에 의해 만들어진 것이다. 이것은 민주주의와 기술진보는 같이 나아가는 것으로 보고, 정부가 계획하여 생활환경을 개선하고 생활의 질을 향상시키는 데에 필요한 기술을 추진하고 진흥하자는 안이었다. 이들은 그 방법으로서 우선 에너지 생산을 향상시키지 않으면 안된다고 보았다. 거기에는 산업의 기간이 되는 석탄과 철의 증산을 최중점 과제로 하고, 그 다음이 기술력을 다른 방면에 보급하여 간다는 것으로 '경사(傾斜)생산'이라 불렸다. 이것은 소수의 학자 그룹의 계획이었지만 어쨌든 정부에 영향력이 큰 학자들의 제안이었기 때문에 정식으로 이후 역대 내각에 의해 채용되었다.

2. 점령군의 과학정책—무장해제와 연구 금지

그러나 시대는 점령기였다. 이때에는 점령군의 점령
정책이 무엇보다도 우선했다. 점령군은 우선 일본의 무
장해제, 군사과학의 연구 금지, 전시 과학 동원의 해체
부터 시작하였다.

조사위원회의 일본 방문

1945년 9월 일본에 상륙한 점령군은 우선 일본의 무
장해제부터 시작했다. 군인의 입장에서 보면 바로 어제
까지 적군으로 분리되어 치열한 전쟁을 치렀기 때문에
전쟁이 끝났다고 해서 일본인이 바로 평화로 나아갈 것
이라는 것은 믿을 수 없었다. 그들은 일본측은 아직 무
언가 비밀병기를 은닉하고 있어 어느 때 역습을 해 올지
도 모른다고 생각했다. 그래서 구석구석까지 조사하여
철저하게 무장해제를 시키려 하였던 것이다. 일본군의
모든 시설에 대한 점령군의 태도는 그러한 것이었다.

그러나 원자폭탄까지 등장한 근대전에서는 군인은 최
첨단 군사과학에 대한 충분한 지식이 없다. 그래서 과학
자들의 자문에 의존하지 않으면 안된다. 연합군측의 과

학자들은 45년 5월 나치 독일의 붕괴와 함께 독일에 가장 먼저 침공하여 소련과 맞서 독일의 과학 연구시설 설비와 과학기술자를 손에 넣으려던 '알소스작전'을 한 전례가 있었다. 미국인은 아직 독일 과학에 대한 경외감이 있었던 것이다. 그러나 그들은 일본의 과학계를 독일 정도로는 평가하지 않았다. 일본의 항복을 받아 제2차 세계대전이 종결되자, 그 이후의 점령기는 실질적으로는 미국 한 나라가 지배하였기 때문에 독일에서와 같은 소련과의 대결에 의한 냉전 초기의 긴박감은 없었다.

하지만 당시 마닐라에 머물고 있던 전시중 미국의 과학 동원 계획에 관련한 거물 인사들이 종전 후 바로 미국으로 귀국하기에 앞서 일본에 들어와 전쟁 당시 일본의 과학 동원 연구의 실태를 조사하였다. 매사추세츠 공과대학(MIT)의 학장 칼 컴프턴(Karl Compton)과 학부장 모란드 등이 그들이다. 과학 동원 조직을 비롯하여 레이더, 살인광선, 풍선폭탄, 독가스는 물론 세균무기에 대해서도 다수의 과학기술자를 인터뷰하여 철저하게 조사하였다.

미국 과학자들의 관심사는 일본이 원자폭탄 연구를 어느 정도까지 하고 있었을까 하는 데 있었다. 다만 그것은 가장 중대한 문제였기 때문에 원폭의 효과를 평가하는 데에는 별도로 전문가팀을 만들어 히로시마(廣島), 나가사키(長崎)에 원자폭탄 피해 조사단을 파견하였다.

미군이 조사한 원자폭탄 피해에 대한 정보는 가장 중요한 일급비밀이었다. 미국은 원폭을 미국이 독점하여 '미국에 의한 평화'(Pax Americana)를 유지하려고 하였기 때문에 우선 원폭의 효과를 충분히 확인해야만 했던 것이다. 피폭자의 치료라는 인도적 문제는 제쳐두고, 과학자의 입장에서 보면 원폭의 방사능 피해에 대한 치료법은 확립되지 않았기 때문에 우선 원폭에 의한 피해 정보를 모아 그 정보를 토대로 대책을 수립한다는 것이 과학적 방법이었다. 더욱이 이 조사가 인체실험의 둘도 없는 귀중한 정보를 수집한다는 천재일우의 기회였다는 것은 731부대의 세균무기를 위한 인체실험과 같은 것이었다. 우선 원폭피해 조사는 과학자들에게 전문가로서 지적 호기심을 충족시키고, 그로부터 논문도 써 과학자의 업적이 되었기 때문에 과학자들은 방사능이 남아 있는 히로시마와 나가사키의 폐허 조사에 참가하였던 것이다. 미군 조사단에 협력한 일본측도 같은 생각을 가지고 있었다. 다만 점령 시기에는 언론통제가 있었고, 이후에도 원폭 관계 정보는 냉전하에서 엄격하게 기밀로 취급되었기 때문에 그 조사결과의 전모는 좀처럼 공개되지 않았다.

조사를 받은 피해자측은 원폭병의 치료를 요구하였으나, 정부 당국은 그 치료 방식을 확립하기 전에 과학적 조사가 필요하다는 식으로 설명하였다. 그러나 불만은 남았다.

과학자의 세계주의(cosmopolitanism)

점령군 군인들의 우려와는 달리 일본 과학자들의 태도는 일본의 직업군인이나 일반인들과는 전혀 달랐다. 특히 미국 조사단을 맞은 일본의 일류 과학자들은 대부분 전쟁 전부터 상당히 국제파였다. 그들은 보통 외국어로 된 논문을 읽고 그것을 통해 서양의 과학기술을 다른 누구보다도 잘 알고 있었다. 대부분이 군인들보다도 더 잘 알고 있었다. 평소 이성적·합리적 비판을 하는 습관을 가진 과학자들은 미국과의 전쟁에서 도저히 이길 수 없다는 인식을 분명히 일반 국민들보다 더 많이 공유하고 있었을 것이다.

과학자들로 구성된 미국 조사위원회는 일본 과학기술진이 보복 의도가 없다는 점을 일찍이 간파하고 있었다. 일본 과학자들은 오랫동안 계속된 전쟁에 이미 넌더리난 상태여서 하루 속히 평상시 연구로 돌아가려 한다는 것도 알고 있었다. 미국 조사위원회의 보고에서도 일본 과학계에는 보복의 의도도 능력도 없다고 적고 있다.

오히려 미·일 과학자 사이에는 전문가 동료로서 국가를 초월하여 대화가 통하는 면이 있었고, 점령군 조사단을 맞이하는 일본 과학자들의 태도도 우호적이었다. 일본 과학자들은 전쟁중에 서양과의 교류가 단절되어 일본 과학이 세계의 최일선에서 물러나게 되는 것이 아닌가 하는 생각을 하고 있었다. 적국의 과학자였지만 같은 전문 분야에서는 바로 대화가 통한다. 근대 과학은 그러한 국적을 초월한 세계주의적 분야이다.

그래서 일본인 과학자들은 조사단의 컴프턴과 모란드와 같이 국제적으로도 알려진 과학계 거물들이 일본을 방문했을 때 기쁜 마음으로 그 안내역을 맡았다. 그래서 가능하다면 그들과의 접촉을 통해 전쟁중에 단절되었던 서양의 과학정보를 입수하려고 생각했던 것이다.

배상

점령군은 무장해제 외에 일본의 군사과학시설을 접수하여 그것을 배상으로 충당하는 일도 맡았다. 이 일에는 미국보다도 오스트레일리아가 열심이었다.

미국인의 입장에서는 전시중의 일본 과학기술에는 크게 주목할 만한 것이 없었다. 하지만 오스트레일리아의 경우에는 아직도 갖고 싶은 것이 많았다. 그래서 우선 10월에 오브라이언 준장을 단장으로 하는 과학사절단을 파견하여 무언가 배상할 만한 것이 없는가 하고 샅샅이 조사하였다. 그들의 목록에는 전지와 같은 것도 있었다. 이것이 인연이 되어 그 후 점령군 경제과학부에 설치된 과학기술과 과장 자리를 오스트레일리아 사람 오브라이언이 차지하게 된다. 미군에 의한 독점지배를 노리던 점령군으로서는 이례적인 조치였다.

일본에 대한 전시 배상 청구의 주요 목표는 전쟁중에 일본군의 침략을 받은 국가의 피해를 배상하는 데 있었다. 이 때문에 일본인의 생활수준을 그러한 아시아 피해국의 생활수준보다도 좋게 해서는 안된다는 생각에서 일본을 철저하게 수탈하려 하였다. 이를 위해 배상 청구는 일본 산업계의 예상보다도 훨씬 엄격하였고, 배상 때문에 경제부흥도 불가능하다는 일본측의 한탄이 나올 정도였다.

연구 금지

일본의 군사 연구는 물론 금지되었다. 여기에는 항공기와 원자력은 물론 레이더 연구도 군사적 의의가 있었기 때문에 전파 연구가 금지항목에 추가되었다. 다만 이후에 선박에 레이더를 설치하는 일은 이전의 나침반과 같이 필요한 것이었으므로 레이더를 장비로 갖추지 못한 일본제 선박은 수출할 수 없었기 때문에 전파 연구 금지는 해제되었다. 그러나 항공기와 원자력 연구 금지는 점령기간 내내 계속되었다. 이러한 조치 때문에 점령기가 끝나 항공기와 원자력의 연구가 해제된 뒤에도 전후 세계에서 거대과학의 두 기둥인 우주 항공과 원자력 연구에서 일본이 뒤처지는 결과를 낳았다.

항공기 연구자도 다수는 방향을 바꾸어 후에 신칸센

(新幹線)의 설계 등에 종사하였다. 또한 장래는 '비행기의 시대다'라는 점 때문에 점령기에 미래를 준비하여 항공기 기술자를 몰래 온존시켰던 기업도 있었다. 하지만 점령기 동안 항공기술은 눈부신 발전을 하여 전쟁 전의 프로펠라 시대에서 제트엔진 시대로 완전히 기술혁신이 이루어졌기 때문에 이를 따라가기란 매우 어려운 일이었다.

사이클로트론 파괴사건

전시하의 과학기술 시설은 대부분 무기로 취급된다. 그래서 일본측의 과학연구 시설을 일단 그대로 보관하여 두었다가 점령군이 접수하여 파괴하거나, 연합군측이 사용할 수 있는 것은 배상으로 몰수한다는 방침이 정해졌다. 공작기계 등도 그 대상이 되었다.

여기서 점령군이 실시한 무장해제에서도 군인과 과학자의 인식의 차가 역력하게 나타나는 하나의 사건이 일어났다. 일본의 각 지역에서 사용되던 핵가속기인 사이클로트론을 어떻게 할 것인가 하는 문제가 그것이다. 일본에는 니시나 요시오(仁科芳雄, 1890~1951) 박사의 理化學研究所(도쿄 소재)에 大·小 2기, 교토(京都)대학에 1기, 오사카(大坂)대학에 1기 모두 4기가 있었다. 이것들은 원폭을 만드는 데 필요한 기초 연구에 사용될 수 있지만, 그것으로 원폭의 제조가 가능한 것은 결코 아니다. 사실 전시중 일본에서는 좀처럼 원폭을 만드는 정도까지는 이르지 못했고, 사실상 원폭의 제조는 포기했다.

이화학연구소에서 사이클로트론을 사용하여 연구하던 니시나 박사는 전쟁이 끝나고 곧바로 10월에 기초과학 연구에 이것을 사용하려는 생각을 가졌다. 그래서 점령군에 사이클로트론의 사용허가를 요청했다. 점령군의 군인들은 사이클로트론이 무엇인지를 알지 못했고, 원자폭탄의 제조에 무엇인가 관계가 있을 것이라고밖에 생각하지 않았다. 담당관은 자신은 전문적인 것은 이해하지 못하기 때문에 조사단으로 왔던 컴프턴과 모란드 등의 과학자에게 상담해 보라고 대답하였다. 니시나로서는 과학자들이 사이클로트론이 무기는 아니라는 것을 알고 있다는 과학자간의 공통인식을 믿고 의심하지 않았다.

그는 과학자간의 국제적 연대감을 기대하였다. 전쟁전 당시 원자물리학의 중심이었던 닐스 보어(Niels Bohr)가 있던 코펜하겐에 유학한 그는 세계의 일류 물리학자들을 많이 알고 있었다. 그 후 불행하게 체제의 양측으로 나뉘어 전쟁에 임하게 되었지만 물리학자로서 체제를 초월한 우정과 공감대를 형성하고 있었던 것이다. 니시나는 이러한 과학자의 세계주의적 감각과 가치관을 가지고 있었다.

예상대로 과학 고문들은 사이클로트론은 원자핵의 기

초 연구에는 유용하지만 직접 원폭제조에는 관계가 없으므로 사용허가를 해 주어도 된다는 쪽으로 권고하였다. 국제적으로 알려진 물리학자였던 니시나와 미국 과학자들 사이에는 암묵적인 합의가 존재하였던 것이다. 사용해도 좋다는 대답이 왔기 때문에 일단 점령군의 사용허가가 내려졌다. 니시나도 원자핵물리학 연구에 사이클로트론을 사용하는 것은 자칫 원폭과의 관계를 부각시키지 않을까 하는 생각 때문에 동위원소를 만들어 화학과 의학, 생물학 연구에 사용하려 하였다.

그런데 점차 미군의 태도가 바뀌어 갔고 결국 점령군으로부터 45년 11월 20일에 접수, 파괴하겠다는 통보가 왔다. 그것은 워싱턴에 있는 육군성에서 내린 명령이었다. 결국 니시나의 얘기가 통하는 것은 과학자들이었고, 군인들은 사이클로트론의 의미에 대해 전혀 이해하지 못하고 있었던 것이다.

점령군은 11월 24일 실의에 빠진 니시나와 그의 동료들에게는 상세하게 알리지도 않고, 이화학연구소, 교토대학, 오사카대학에 군인들을 보내 사이클로트론을 접수하여 바다에 버리고 말았다. 니시나를 비롯한 일본 과학자들에게는 대단한 충격이었다.

니시나는 국제여론에 호소하여 이와 같은 점령군의 만행에 항의하려 하였다. 생각한 대로 미국에서도 과학자들 사이에서는 점령군의 만행을 비난하는 여론이 들

끓어 큰 사건이 되었다. 또한 그 소식을 들은 중국 과학자들은 사이클로트론을 배상으로 일본에서 거둬들여 자신들이 사용하려 했었기 때문에 분개하면서 바다에 사이클로트론을 버린 행위는 야만적인 행위라고 맹렬히 비난하였다.

비난은 실제로 파괴를 담당한 점령군에 집중되었다. 입장이 곤란하게 된 최고사령관 맥아더는 그 명령을 내린 본국의 육군성에 문의하였다. "우리는 특별히 사이클로트론을 파괴하고 싶지 않았지만 단지 워싱턴의 명령에 따랐을 뿐이다. 그런데 워싱턴측에서 이미 사용허가를 내려둔 상태에서 그것을 뒤집는 명령을 내려 명령계통이 혼란하게 된 것은 아닌가"라고 본부의 잘못을 책망하였다.

사실 이 사건은 워싱턴 참모본부의 젊은 중위들이 여행중에 자세한 검토 없이 파괴를 지시하는 서류에 사인을 해 점령군에 보낸 것으로 추정된다. 보통 일본측과 접촉하고 있던 점령군의 군인들은 전후 곧바로 일본인들이 항전할 의사가 없다는 것을 알고 있었으며, 일본인에 대해 다소 동정적이기도 하였다. 그러나 워싱턴의 책상에서 작전을 짜던 참모본부 장교들은 그러한 인식이 없었고, 종전 당시에 발표된 점령 방침을 그대로 기계적으로 취급하여 명령을 내보내고 있었던 것이다.

그래서 결국 패터슨 육군장관이 너무 바빠 사이클로

트론 파괴명령 서류를 제대로 보지도 못하고 그대로 통과시켰다고 사과하고 이 문제를 일단 켈리(Harry Kelly)에게 맡겼다. 아마 원자폭탄 개발의 직접 책임자였던 그로브스 장군 이외는 군부에서는 사이클로트론이 무엇을 하는 것인가를 알지 못하다가 사건이 밝혀지기 시작하자 그 중대성을 인식하였을 것이다. 한편 니시나도 과학자의 국제적 연대의식에 지나치게 의존해 군인에 의한 점령이라는 현실을 제대로 파악하지 못하고 있었다고 말할 수 있다.

이 사건의 배후에는 과학자와 군인 사이의 과학기기에 대한 인식의 차이가 드러난다. 과학계에서는 원폭의 개발이 완료되고 이제부터는 평시 연구로 돌아가려 하고 있었다. 그것은 직접적으로는 원폭과는 관련이 없었다. 하지만 군인들로서는 사이클로트론도 원폭제조와 많은 관련이 있다고 생각하였기 때문에 무기의 일종으로 간주하였다. 혹은 보통 군인들에게는 사이클로트론이 원폭제조기로도 보였을 것이다. 과학 연구에 관심도 동정도 없는 군인들의 입장에서는 조금이라도 군사에 관련된 것처럼 보이는 것은 모두 파괴하는 쪽이 무난하다고 보는 것은 당시 그들의 상식이었을 것이다.

나아가 이 사건의 깊은 내면에는 전후 원폭을 만든 과학자와 군인들 사이에 의견 대립이 존재하고 있다. 원폭은 전적으로 과학자의 두뇌에서 나왔다. 그 의미에서 로

켓이나 일반 재래식 무기와는 다르다. 따라서 그 관리 혹은 소유까지도 과학자가 맡아야 한다. 과학자들은 원폭을 무지한 군인에게 맡기면 무슨 일이 일어날지도 모른다고 생각한다.

반면에 군인들은 원폭도 일반 무기와 다르지 않다고 생각한다. 원폭은 전쟁을 일으킬 수도, 사용될 수도 있는 것이기 때문에 군인들이 관리하지 않으면 안된다고 생각한다. 그래서 이후 원폭은 과학자의 손을 떠나 군의 관리하에 놓이게 되었다.

3. 새로운 연구 조직의 편성

일본 점령은 미국에게는 하나의 사회과학적 실험이었다. 과학기술을 관할하는 경제과학국(Economic and Science Section)에는 특히 과장을 군인이 아니라 민간인을 임명하여 미국에서는 불가능한 새로운 정책을 점령기 일본에서 시행하려 하였다. 일찍이 루즈벨트 대통령 집권기에는 불황에서 탈출하기 위해 국가가 앞장서 합리적이며 동시에 사회주의적 요소가 있는 뉴딜정책을 행한 인물들과 그러한 사고 방식을 가진 사람들은 뉴딜러(New Dealer)라고 불렀는데, 이제 일본이 그들의 실험장으로 되었던 것이다. 과학기술의 세계에서도 일단 무장해제의 단계가 완료되자 점령군의 손으로 새로운 조직을 편성하게 되었다. 그 과정을 살펴보자.

켈리의 일본 방문과 과학기술과의 업무

사이클로트론 파괴 때, 또 하나의 새로운 문제가 발생했다. 오사카대학에서 사이클로트론을 접수하여 파괴하는 일의 지휘를 맡았던 오헨 소령은 사이클로트론 외에 현장에서 유사한 기계들을 발견하였다. 그것은 입자가속을 위한 고전압장치였다. 과학에 문외한이었던 소령은 이것을 사이클로트론과 동일하게 취급하여 파괴해야 하는 것인가 그렇지 않은가를 판단하지 못했다. 그래서 우선 그대로 두고 워싱턴에 전보를 보냈다. 이 문제는 자신으로서는 판단하기 어려우니 바로 일본에 물리학자 두 사람을 보내달라는 것이었다. 이에 따라 워싱턴에서는 일본에 보낼 사람을 찾았다.

그 해 12월 전시중에 매사추세츠공과대학에서 레이더 연구를 담당했던 물리학자 해리 켈리와 동료 폭스(Gerald W. Fox)는 퇴역 육군 대령의 방문을 받았다. 과학관으로서 일본에 가 달라는 것이었다. 대령으로서는 어떤 일을 하는 것인가에 대한 구체적인 이야기는 할 수 없었다. 다만 "당신들이 원폭 연구자가 아닌 점이 좋다"는 식으로만 얘기했다. 전시 과학 동원도 해제되었기 때문에 이제 자신의 진로에 대해 고민하던 이들은 처음에는 대학으로 가려고 생각하기도 했으나 젊은 나이에 용기를 내어 일본으로 갈까도 생각했다.

결국 그들은 다음해인 1946년 1월에 일본으로 왔다. 그런데 군은 과학자인 켈리를 어떻게 대해야 할지 몰랐다. 그들도 무엇을 어떻게 하면 좋은지를 알지 못했다. 켈리는, 일시적으로 미국으로 돌아갈까도 생각했지만, 점령기 과학기술정책의 중심인물이 되었다.

켈리가 소속된 경제과학국의 과장은 전부 민간인이었지만, 과학기술과는 예외적으로 오스트레일리아의 오브라이언 준장이 과장을 맡고 있었다. 나이로 보면 비슷하였기 때문에 꺼려지는 점도 있었으나 켈리는 형식상으로 오브라이언의 휘하에 배속되었다.

사실 과학기술과에는 오브라이언 과장 등 군인 출신과 켈리 부과장 이하 6명의 과학자 출신이 있었는데 이들 사이에는 여러 의미에서 과학기술에 대한 감각과 일본인에 대한 태도에서 많은 차이가 있었다. 전자는 일본을 이전의 적국으로 취급하여 무장을 완전히 해제하고, 다시 전쟁을 일으키지 못하게 하기 위해 일본의 전력 · 경제력을 파괴하는 일과 일본 군국주의의 부활을 감시하는 것을 주 임무로 하였다. 반면에 과학자들은 군인들로부터 일본이 전시중에 개발한 비밀 무기의 과학기술상의 기밀을 탐지하는 정보계의 역할을 부여받았지만 그러한 일에는 관심이 없었다. 우선 그들이 일본 과학계를 조사해 본 결과 일본인 과학자들이 전쟁 연구에 돌아 갈 의사가 전혀 없음을 알게 되었다. 그보다는 그들이 접촉한 일본 과학자들은 구미 과학계의 성과를 열심히 알아보려 하였다. 그래서 국가를 초월한 친분이 생기게 되었다.

군인은 정복자로서 피점령국 사람들을 대하기 때문에 점령하는 측도 점령당하는 쪽도 마음을 열고 서로를 대할 수 없다. 켈리를 비롯한 민간인 과학자들은 그 점이 다르다. 더구나 상대는 과학자였다. 모두 영어를 읽고 말할 수 있는 사람들이었다. 특히 전문적인 과학 분야에서는 곧바로 이야기가 통했다.

결국 일본인 과학자와 사귈 수 있었던 사람들은 이러한 배경을 가진 과학기술과의 과학자 출신 문관들에 한하였다. 일본인 과학자들도 전시중에 군인과 사귀기 어려웠는데 하물며 전후 점령군과는 더욱 사귀기 어려웠다. 일본측 과학자의 기억에 고마운 존재로 남아 있는 것은 이러한 민간인 과학자들뿐이었다.

군인은 일본을 적으로 보고, 자국의 이익을 위해 일본을 대한 데 비해 과학자는 국제적으로 공동체 의식을 가지고 있어 자국의 군인들보다 일본인 과학자를 더욱 친근하게 느꼈다. "잽(Jap)[1]들에게 친근감을 보이는 것은

---

1) 미국인들이 일본인을 멸시하여 부르는 말.

이상한 일이다"라고 군인인 오브라이언 과장은 일기에 적어 부하 과학자들의 행동에 불만을 나타내고 있다. 그러나 그는 박사학위를 가진 과학자들의 일에 함부로 간섭할 수 없었고, 과학과 관련된 일에서는 과학자들의 판단에 의존할 수밖에 없었다. 켈리 등 과학자들은 오브라이언에게 상담하지도 않고 자신들의 업무를 수행하였으며, 실질적으로는 켈리가 과학기술과장이었다. 오브라이언은 다만 다른 점령군 관료 조직과 교섭하는 일을 주로 맡았다. 군인으로서 오브라이언이 관심을 가진 것은 일본 과학자가 전쟁을 계속하려는 노력을 하지 못하도록 감시하는 일뿐이었다. 한편 오스트레일리아 사람으로서 그는 배상 문제에 관심을 두어 전후 곧바로 일본에 온 배상 지정 사절 포레위원회에 협력하여 과학 기자재도 배상으로 지정하였다. 켈리와 함께 일본에 온 과학자 폭스는 군인과 사이가 좋지 않아 오브라이언과 마찰을 일으킨 끝에 사표를 내고 귀국하였다.

켈리를 만난 일본 과학자 중 특히 비슷한 나이의 지도적 과학자 중에는 유학 경험을 가진 사람들이 많아 영어로 이야기가 통하였다. 켈리는 이렇게 일본 최고의 과학자들과 만나면서 자신의 힘으로 무엇인가 일본 과학계의 개혁을 도모할 수 있지 않을까 하고 생각하게 된다. 켈리는 아직 젊었고 박사학위를 갖고 있었지만 아직 그렇게 유명하지도 않았는데, 일본에서의 일을 통하여 미국 과학계의 저명한 과학자들과 친분을 쌓을 수 있다고 생각했던 것이다.

그래서 켈리는 접촉이 많았던 와타나베 사토시(渡辺慧)와 사가네 료키치(嵯峨根遼吉) 같은 영어에 능통한 젊은 과학자들을 참모로 삼아 일본에 실로 새로운 과학 연구 조직을 만들려 하였다. 이 일을 통해 그는 일본에서 자신이 진정으로 하고 싶은 일을 발견하였고, 이것이 나중에 일본학술회의가 된다.

일본학술진흥회의의 발족

뉴딜러는 전쟁 전 미국이 대공황에서 벗어나기 위해 시행한 프랭클린 루즈벨트 대통령의 뉴딜정책에 협력한 인물들을 말한다. 일본에서는 이를 확대 해석하여 사상적으로 뉴딜정책에 공감하는 사람 일반을 지칭하기도 한다. 점령군 내의 뉴딜러들은 정부의 합리적인 정책에 의해 복지국가적인 프로그램을 실행할 수 있다고 생각하였다. 그들은 이러한 생각을 가지고 농지개혁, 재벌해체와 같이 일본인의 손으로는 불가능한 대사업을 점령군의 권력을 이용하여 실현시켰다. 켈리가 소속된 경제과학국은 바로 그 뉴딜러들의 소굴이었다.

그러한 동료들 사이에서 켈리가 무엇인가 역사에 남을 만한 일을 하겠다는 야심을 가지게 된 것은 어쩌면 당연한 일이었다. 그는 아직까지 세계에 존재하지 않는 민주적인 과학자 조직을 만들려고 하였다. 그것은 또한 피폐한 패전국 일본을 구하기 위한 경제부흥에도 부응할 수 있는 것이어야만 했다. 가난한 광부의 아들로 태어나 장학금으로 물리학 공부를 해야만 했던 켈리는 귀족적인 고상한 물리학보다도 생활고에 시달리는 일본 국민을 구하기 위한 과학에 관심을 두었다. 켈리는 이러한 생각을 일본에 오기 전부터 과학기술과의 누구보다도 먼저 하였고 46년 4월에는 이미 그것을 자신의 일로 생각하고 있었다.

"일본인들 중에는 개인적으로는 우수한 연구자가 많지만 연구 계획의 조정이 제대로 되지 않아 유효한 성과가 나오기 어렵다." 일본 과학기술계에 대한 이러한 평가는 점령군이 종전 후 바로 일본에 조사단을 파견하여 전시중의 일본 군사 연구 조직을 조사했을 때의 결론이었다. 그들 과학 동원 전문가들은 문부성과 과학기술원의 대립이 있었고, 각각의 정부기관이 종적으로 분할되어 있어 상호 연락이 잘 되지 않아 전쟁 당시 일본의 과학 동원은 대체로 비효율적이었다고 보았다. 이러한 시각은 점령군의 일본 과학기술 평가로 정착되었다. 켈리도 이러한 평가를 받아들여 일본에 효율적인 연구 조직을 만드는 일을 자신이 해야 할 사명으로 생각하였다.

이러한 일을 하기 위해서는 우선 일본에 전쟁 이전부터 존재한 과학 조직을 해체하는 일이 선행되어야만 했다. 제국학사원, 학술연구회의, 일본학술진흥회 등 3개 조직이 그것이다. 그런데 켈리의 주위에 모인 다미야 히로시(田宮博) 등 일본의 개혁과 소장 과학자들은 이전 조직을 해체할 용기가 없었다. 그래서 켈리는 우선 1946년 11월 18일 전쟁 이전부터 세계적 권위를 가지고 있던 학사원 원장 나가오카 한타로(長岡半太郎)를 불러 학사원의 존재에 대해 마지막 선고를 하였다. 보수적인 노장 학자들이 장악하고 있던 학사원이 일본 학계 개혁에는 최대의 걸림돌이라고 생각했기 때문이었다. 켈리는 점령군의 권위를 가지고 대과학자 나가오카를 질책하는 듯한 태도를 보였다. 일찍이 독일에 유학하여 일본에 연구 지상주의의 분위기를 몰고 온 나가오카는 당시 81세였다. 그는 연구는 개인의 자유로운 발상에 의한 것이기 때문에 강력한 조직은 오히려 자유로운 발상을 저해한다고 생각했으며, 학문을 위한 학문을 해야 한다고 주장한 고전적인 과학자였다. 반면 켈리는 당시 38세였고, 일본의 경제부흥에 직접 기여를 할 수 있는 과학 연구 조직을 만들려고 하였다. 이것은 전쟁 이전 독일의 아카데미즘에서 전후 국가 주도로 조직적으로 연구를 수행하는 미국의 거대과학(big science)으로의 이행이라는 과학계의 패러다임의 전환을 상징하는 사건이었다. 다른 두 개의 단체는 저항도 없이 해체되었다. 결국 일본학사원은 명예기관으로 남았고, 학술연구회의는 해체되었으며, 일본학술진흥회는 겨우 명맥한 유지하다가 1967년 특수법인으로 부활하였다.

그 후 켈리는 개혁파 소장 학자들을 모아 섭외연락위원회를 만들어 바람직한 조직에 대해 의논하였다. 민주적 조직을 만들기 위해 우선 도쿄대학이 중심이 되는 것을 피하고 젊은 사람을 등용해야 한다는 의견이 있었다.

이후 우여곡절을 겪으면서 일본학술회의로 발족할 당시에 조직의 성격은 켈리가 의도한 것과는 다른 방향으로도 나아갔다. 처음에 켈리는 젊은 개혁 그룹을 일본과학계와의 연결 그룹으로 삼아 개혁을 그들의 손으로 이루어 내려 했지만, 점령군이 간접통치 방법을 사용하고 있었기 때문에 점령군의 권력으로 할 수 있는 일에는 한계가 있었다. 새로운 민주 조직을 만드는 일에는 일본인의 자주성을 존중하지 않으면 안되었다.

그래서 현실에서는 문부성이 간섭하여 여러 이야기가 오간 끝에 학술체제쇄신위원회를 조직하게 되었다. 켈리는 미국과학아카데미를 모델로 한 이과계 조직을 생각하고 있었지만 문부성이 개입하게 되자 구 제국대학 조직을 따라 문과계도 포함시켜 문(文)·법(法)·경(經)·이(理)·공(工)·논(農)·의(醫)의 7학부에 따라 7부제로 되었다. 그 결과 이 구분에 맞지 않는 새로운 학문은 전혀 인지되지 않아 이후 어려움을 겪게 된다.

47년 6월 10일 켈리측의 민주주의과학자협회(이하 민과)의 젊은 과학자들에게 대학과 연구소 조합의 대표들로 구성된 연구부흥회의 사람들이 압력을 가해 왔다. 학술체제쇄신위원회에 자신들의 의견도 반영해 달라는 것이었다. 경제과학국 내의 노동조합 담당자들은 그들의 의견에 동정적이었지만 켈리는 반드시 조합과 같은 직능단체로 할 예정은 아니었다. 동시에 냉전도 시작되었기 때문에 켈리 등은 민과 그룹을 경계하였고, 그 조사를 시작하고 있었다.

민과계의 학술진흥안은 점령군이 일본 정부에 명령하여 과학기술정책을 시행하라는 것이었다. 국민에 의해 선택된 의회보다도 과학자들이 뽑은 학술회의 의원들이 권력을 가져야 한다는 안 역시 거부되었지만 민과계 과학자들은 그만큼 과학이 위대한 것으로 생각했던 것이다. 그러나 민간 기업의 연구자들도 학술진흥회의에서 투표권을 가지게 하자는 그들의 안은 채택되었다.

일본의 행정에 대해 점령군의 의향이 그대로 행해졌는가 하는 문제도 결코 액면 그대로 받아들여서는 안된다. 켈리는 자신이 제안해 만들려 하던 일본학술회의의 안에 만족하고 있었던 것은 아니다. 그는 학술회의 성립 전에 미국과학아카데미에서 고문단을 파견해 줄 것을 의뢰하였는데, 일본에 온 학술 고문단에게 그는 자신이 생각했던 정도의 민주적인 조직이 되지 못했다고 불평하였다.

일반적으로 점령군은 전쟁중 군국주의 교육을 행한 문부성에 비판적이어서 가능하면 개조하려고 생각하였다. 일본의 자유주의적 학자 중에서도 문부성 폐지를 주장하는 사람들이 많았다. 그러나 점령군은 간접통치라는 원칙이 있었기 때문에 실제로 어떤 정책을 시행하기 위해서는 일본 관료기구를 통해 시켜야만 했다. 미국 학술 고문단도 지나치게 큰 문부성의 권력을 축소하기 위해 고등교육을 문부성에서 분리시키자는 제안을 하였다. 그러나 실현은 되지 않았다.

학술 고문단의 견해는 결국 켈리 등이 응용하는 형태로 드러났다. 도쿄제국대학 중심주의를 철저하게 비난하고 지방과 민간의 활력을 수용하자는 제안을 한 것이다. 이것은 지방이나 구에서 선출되는 회원을 만드는 것으로 실현되었다.

학술회의의 선거법을 결정하는 준비위원회였던 학술체제쇄신위원회의 구성 위원들은 도쿄제국대학 출신자가 대부분이며 결코 민주적 구성은 아니라고 신문 등에서 지적하였다. 하지만 선거 방법은 전체 과학기술자들이 투표를 통해 학술회의 회원을 뽑고, 그들의 합의를 통해 학계의 일을 결정하였기 때문에 학술회의는 '학자의 회의'로 불리게 되었다. 이와 같은 조직은 세계에서 유일한 것이었다. 선거의 결과 반드시 도쿄제국대학 교수만 당선된 것은 아니었고, 도쿄제국대학 교수가 한 사람도 뽑히지 않은 부서도 있었다. 게다가 좌익계인 민주주의 과학자협회의 과학자도 당선되었다.

이렇게 하여 1949년 1월 일본학술회의가 발족되었다. 켈리는 결국 이전의 세 단체에 만연되어 있던 원로들의 압력에서 일본의 소장 개혁 그룹을 비호하여 일단 그 해체에 성공했던 것이다. 그러나 구체제를 대신하는 새로운 조직을 만들게 되면 사회의 여러 세력들이 개입된다. 게다가 일본학술회의를 일본의 제도 안에 정착시키기 위해서는 미국에는 없는 기존의 문부성과 다른 기관과의 역학 관계가 작용하여 그것은 미국인의 피상적 이해로는 가능하지 않은 것이었다. 학술회의의 의제는 문부성 같은 일개 부서의 관장사항이 아니기 때문에 내각에 직결시킬 만한 중요 안건이라는 견지에서 그 사무국을 총리부에 두었다. 하지만 총리부는 조정기관이지 실제 업무를 관장하지 않았기 때문에 발족 이후 학술회의 예산 신청이 깎이거나 중지되곤 하였다. 또 민주주의과학자협회와 같은 체제비판 그룹도 미국 점령군이 말하는 일에 순순히 따르려 하지 않았다.

그러나 어쨌든 학술회의의 성립은 과학기술과가 이룬 사업 중 가장 중대한 것이었다. 점령군의 공적인 역사 자료인 「비군사사(非軍事史)」의 과학기술 부문에는 일본학술회의의 성립 과정을 그 처음부터 설명하면서 대부분의 지면을 할애하고 있다.

연구실의 민주화

점령군의 민주화정책은 전적으로 외부에서 강압된 것만은 아니다. 일본 과학계와 사상계에서도 점령군의 의도와는 별도로 내부에서 민주화의 목소리가 강하게 일어났다. 전후 민주주의이다.

전후 민주화 풍조는 과학의 세계에도 현저하게 나타났다. 혹은 가장 현저하게 나타났다고 해도 과언이 아니다. 기업에 있는 과학자들도 노동조합의 간부가 되어 연구실의 민주적 운영을 주창하였다. 또한 대학에는 나고야제국대학 물리학 교수실과 같이 1946년 6월에 교수헌장을 제정하여 대학원생 이상의 연구실원들이 교수임용을 비롯한 학과 사무에 전원이 참석하는 교실회의 방식을 고안했다. 이 방식은 이과계 학부의 교실민주화운동의 모델로 큰 영향을 주었고, 지금도 여러 대학에 교실회의라는 이름으로 남아 있다. 이 제도는 미국의 대학에도 없는 그야말로 민주적인 방식이었다.

이것과 대조적인 것은 기업의 톱다운(top-down) 방식의 조직이다. 기업에서는 보통 경영자는 종업원에 의한 민주적인 절차에 따라 선출되는 것이 아니다. 그러나 기업에서도 패전 직후에는 연구소 조합을 중심으로 팽배한 민주화의 목소리가 일어나 도시바(東芝) 등에서는 연구소 인사와 연구주제의 선택도 기업 상부에서 내려오는 것이 아니라 연구자 전체 토의에서 결정하였다.

이러한 연구실 민주화 정신은 연구자 전원의 투표로 학술회의 회원을 결정하는 일본학술회의의 방식과 통하는 것이었다. 이 방식은 이학부, 공학부 계열에서 전후에 시작되었는데 이후 60년대 말의 대학 분쟁기에 아직 이러한 방식을 채택하지 않고 있던 의학 · 농학계에도 영향을 주었다. 문과계에 비해 이과계의 교실민주화 정도가 앞섰던 것은 이과계는 실험 등을 위해 매일 연구실 단위로 연구는 물론 생활도 해 나갔기 때문에 자신의 연구환경 개선에 더욱 관심이 많았기 때문일 것이다.

대학뿐만 아니라 학회에도 민주화의 목소리가 드높았다. 일례로 47년 5월에 발족한 지학단체연구회(地學團體研究會, 지단연으로 약칭)가 있다. 다른 많은 학회와 마찬가지로 지질학회에도 당시까지는 원로 교수들로 이루어진 평위원회에서 회장과 임원을 결정하였다. 지단연은 전 회원이 회장과 임원을 선출하여 뽑고, 연구자의 연구비를 균등하게 분배하자고 주장하였다. 지구과학을 집단으로 연구하자는 이 단체의 주장에서 보면 연구비의 민주적 평등분배는 가장 중요한 문제였다.

그러나 정말로 과학과 민주주의는 서로 양립하는 것일까? 민주주의과학자협회는 민주주의와 과학이 전시중의 비합리적 초국가주의, 군국주의, 군사주의에 대항할 수 있는 것으로 간주하였다. 그러나 생각해 보면 민주주의와 과학은 동의어는 아니다.

과학을 경쟁원리에 기초한 활동이라고 본다면 지단연의 연구비 균등분배 방식은 '악평등(惡平等)'이며, 우수한 연구에 중점적으로 과학 연구비를 지원하자고 하는 문부성의 방침과는 대립하는 것이다. '풀뿌리' 수준에서 인해전술적 연구를 한다는 것이 좋을 수도 있다. 하지만이 경우 개인의 업적은 모두의 것이 되어 다양성이 인정되지 않고, 자칫 전체주의적으로 흘러 지적인 매력이 부족하게 된다.

이것이 바로 과학 연구에 내재하는 엘리트주의와 모순된다. 과학 연구는 반드시 민주적으로 운영되는 것이 아니다. 단적으로 말해 학술회의에서 선출되어 활동하는 회원이 반드시 과학적 업적이 뛰어나다고는 말할 수 없다. 유카와 히데키(湯川秀樹)와 같은 개성이 강한 인물은 민주적 규칙에 의한 회의의 지루함을 견딜 수 없었다.

또한 미국 과학의 특징이 된 거대과학은 민주적으로 행해진다는 것이 매우 어렵다. 미국의 거대과학에서는 제시된 몇 개의 제안 중에서 최종적으로 하나만 살아남는데, 한 사람의 연구 책임자가 정부에서 많은 예산을 받아 상하위계 관계의 조직을 만들어 연구를 행한다. 가속기장치도 이러한 방식으로 건설·운영된다. 그런데 일본에서는 직장 구석구석에서 민주적인 논의를한 다음 학술회의에서 결정이 이루어진다. 모든 사람을 만족시키려는 연구시설은 결국 모두에게 조금씩 만족을 줄 수밖에 없기 때문에 흐지부지하게 끝나 버린다. 이것이 쓰쿠바(筑波)에서 시작된 고에너지 물리학연구소의 초기 상황이었다.

4. 기초과학인가 경제부흥인가

패전 직후부터 의회에서는 마에다 마사오(前田正男), 마쓰마에 시게노리(松前重義)와 같은 과학기술자 출신 국회의원이 있어 초당적으로 과학기술 진흥책을 의회에 상정하였으나 구체적인 성과는 없었다. 산업계에서도 이념적으로는 과학 진흥을 지지하면서도 현실적으로는 그 방향으로 나아갈 여유가 없었다. 한편 일본학술회의에서는 과학자들이 중심이 되어 과학 진흥을 주창하였다.

이 양자는 똑같이 과학 진흥을 외치면서도 그들이 가지고 있는 과학상(科學像)에서는 차이가 있었다. 전자인 정계·산업계에서는 공학계를 중심으로 경제부흥을 위한 과학기술을 세우려 하였다. 후자는 기초과학자와 사회과학자가 주류로 실용보다는 순수과학 연구나 이데올로기로서 과학을 바라보려는 사람이 많았다. 민주주의 과학자협회의 사람들이 특히 열심이었다.

점령군의 켈리는 물리학자였기 때문에 초기는 일본인 기초과학자들과 친하여 일본학술회의를 만들었으나 그의 본심은 기초과학의 진흥에 있지 않았다. 게다가 점령정책의 다른 분야와 마찬가지로 점령 전반기에는 전후의 민주주의 개혁이 중시되었으나 후반기에는 경제부흥이 중시되었다. 조직만들기의 측면에서 보면 전반기는 연구실 민주주의(laboratory democracy)로 나타났지만, 후반기는 관·산·학 협동에 의한 테크노크라시(technocracy) 구조의 형성으로 나아간다.

STAC(과학기술행정협의회)

켈리가 발족한 일본학술회의에서 조직 형태보다 더 불만스러운 점은 그 기능에 대한 것이다. 그는 학술회의를 통하여 무엇을 하려 했을까? 그것은 일본의 경제부흥이다. 그런데 학술회의에 모인 대학 교수들은 의논만 할 뿐 어떤 구체적인 경제부흥 방안을 내놓지 않았다. 초조해진 그는 이과계를 대표하여 부의장으로 있던 니시나 요시오(仁科芳雄) 박사를 불러 그 점에 대해 자문을 구하였다. 켈리로서는 응용 연구를 중시하여 문부성이 전후 독점하여 온 연구 예산을 각 담당 기관에도 나눠주려 하였다.

니시나는 "학술회의 의원 210명 중 170명은 대학 교수이므로 기초 연구에는 관심이 있지만 산업과 행정에는 그렇지 않다. 게다가 공학자 중에서도 대학 교수는 모두 문부성의 관할하에 있다. 따라서 학술회의에 의존하지 않고 연구비의 배분도 STAC에 맡겨 대장성에서 하도록 하자"고 제안했다. STAC는 학술회의 성립과 동시에 설치되어 그 의견을 행정에 반영하는 조직이었다. 의장은 내각 총리대신, 부의장은 담당 대신이며, 학술회의 회원과 각 성의 차관들이 참석하게 되어 있었다.

그런데 실제로는 수상은 출석하지 않았고, 담당 대신이 의장을 대신하였다. 각 성에서는 차관급 관료를 보내지 않았으며 민과계 의원의 참석은 거부당했다. 그래서 학술회의 회원들은 STAC가 정부에 의해 지나치게 무시되고 있다고 분개했다.

다만 STAC는 켈리 등 점령군 과학기술과 사람들이 기대를 걸고 있었기 때문에 일본의 테크노크라트(technocrat, 기술관료)들이 점령군과 접촉할 수 있는 장소로 제공되었다는 점에서 의미가 있다.

STAC는 행정기관으로서 권한은 없었으나 외화가 부족한 상태에서 과학기술자의 해외 방문과 실험기계의 구입을 위한 외화 할당을 조사하는 장소가 되었다. 이것은 당시 상황에서는 매우 중요한 과학정책을 수행하는 것이었다. 즉 위원회가 어떤 분야를 이후 발전할 중요한 분야로 판단하면 그 분야에 외화를 우선적으로 배치하여 연구기계, 자재류를 수입하였다. 또 일본인이 함부로 해외에 나갈 수 없는 당시의 상황에서 국제학회에 참석하거나 외국에 조사 여행을 갈 때 출원자를 심사하여 허가를 해 주고 여행 경비를 대주는 것도 이 위원회였다. 따라서 통산성이 산업계에 외화 할당 권한을 이용하여 산업정책을 수행했던 것과 마찬가지로 STAC는 과학기술계의 방향을 외화 할당정책을 통하여 수행했다고 말할 수 있다.

외화 할당의 경우 일본인 STAC위원은 기계 등의 하드웨어에 더욱 많은 재원을 배분하려 했음에 반해 그것을 감독하는 입장에 있는 점령군 과학기술과에서는 이를 수정하여 정보와 데이터 베이스, 인건비, 여행 경비 등 소프트웨어에 더 많이 할당하려 했다. 당시 일본에서는 정보와 같은 소프트웨어에 돈을 투자하는 습관이 없었고, 그것은 단지 관청의 회계 장부에만 남는 것으로만 평가하는 경향이 있었다. 이러한 경향은 지금도 계속되는데, 이 점에서 점령군 과학기술과의 시각은 새로운 것이었다고 말할 수 있다.

실학의 권장— 공업기술청

일본학술회의는 학자의 소굴이다. 그것을 만든 켈리는 물리학자 출신이었기 때문에 일본의 기초과학을 이해하고 있었으며 그것이 학술회의 성립의 기초가 되었다고 이해하는 사람들이 많다. 하지만 실은 켈리 자신이 여러 번 술회했듯이 그는 '기초과학은 전후 일본에는 합당하지 않고, 그것보다는 경제부흥을 향한 실학적 과학의 진흥'을 꾀하고 있었다. 그래서 학술회의보다도 먼저 점령군의 영향하에 실현된 것이 공업기술청의 설립이다.

일본 연구 조직의 결핍은 "각 성, 연구기관, 연구자 간의 조정이 잘 되지 않는다"는 시각을 가지고 있던 점령군 과학기술과에서는 그 조정을 맡을 조직으로 공업기술청이라는 청급(廳級)의 기관을 만들었다.

일본은 식료·원료를 무역에 의존하지 않으면 안된다. 그러나 수출품으로 전쟁 전과 같이 저임금 노동에 의한 '싸고 질이 나쁜' 상품을 파는 것은 전후에는 불가능하였다. 이제는 품질관리를 확실하게 하여 해외시장에서 경쟁력을 발휘하지 않으면 안되었다. 공업기술청을 통해 각 정부 기관과 연구소들의 입장을 조율하면서 각종 규격의 제정과 실행을 촉진하며, 과학기술계를 대표하는 일본학술회의의 의견을 실제 업무에 반영하게 한다는 것이 점령군의 의도였다.

48년 8월 1일 상공성의 외부 국(局)으로 공업기술청이 발족하였는데 53년 8월 1일에 통산성 발족과 함께 공업기술원으로 개칭되었다. 청에서 원으로 이름이 바뀐 것은 분명히 격하된 것이다. 원래 점령군에 의해 설립된 관청이었기 때문에 점령군이 물러가자 일본 관청에 존재하던 역학 관계에 의해 반작용이 일어났던 것이다.

연구기지안

여기서 '일본 과학기술을 어떻게 할까'에 대한 점령
군 내부의 의논 중에서 흥미있는 일화를 하나 소개하자.

노벨 물리학상 수상자인 라비(Isidore R. Rabi)는 제2차
학술 고문단으로 1948년 11월에 일본에 와 자신의 친구
인 일본 물리학자들을 만난 뒤 그들의 경제적 곤경을 덜
어 줄 수 있는 방안을 모색했다.

라비는 전쟁중에 자신 밑에서 레이더 연구를 했던 켈
리에게 그 계획을 얘기하였다. 그 내용은 대략 다음과
같다. 전시중 레이더 개발을 하고 있을 때 독일의 V1,
V2에 의해 런던이 폭격당하자 이 레이더를 사용할 영국
에 연구기지를 설치하여 성과를 올렸다. 냉전하의 일본
에도 연구기지라는 명목으로 군의 연구개발비를 끌어다
일본 과학자들에게 나누어 주면 좋겠다. 그들 가운데에
는 우수한 사람들이 많지만 연구비가 없어 곤란을 겪고
있다. 미군의 연구개발비에는 쓰지 않고 남은 돈이 많으
니 일본인들을 사용하는 것이 좋겠다는 것 등이었다.

켈리는 물론 찬성하였다. 그 생각을 제안서 형태로 만
들어 점령군 각 부서의 동의를 얻어 워싱턴의 육군성에
전보를 보냈다. 라비는 세계주의적 입장에 서서 과학자
들의 연대의식에서 일본 기초과학 연구자를 도울 생각

을 했던 것이다. 켈리는 일본 경제부흥을 위해 연구비를 사용한다는 제안을 하고 있었다. 그래서 점령군 당국에서는 원폭 등 군의 기밀이 빠져 나가지 않게 주의를 한다는 것을 전제로 하고 찬성하였다. 각자 다른 생각을 하고 있었던 것이다.

해외정보의 섭취

패전 직후에는 틀림없이 생활조건은 물론 직업조건도 열악하였는데 세계 최첨단을 달리는 과학자들로서는 전쟁 당시의 쇄국 상태에서 해방되어 우선 가장 먼저 하고 싶었던 일은 미국이나 유럽에서는 자신들의 전문 분야에서 어떤 연구들을 하고 있었는가에 대한 정보를 얻는 것이었다. 보통 전쟁 기간 동안 발행된 학술잡지의 입수는 일반적인 과학자에게는 불가능한 일이었다. 우선 잡지 구입비가 없었다. 일본 엔화는 외화와 바꿀 수 없었기 때문에 개인적으로 구입하는 것은 불가능했다. 암시장에서 달러를 산 경우 발각되면 중노동 형으로 처벌당했다.

보통 과학자들은 점령군이 도쿄 히비야(比谷)에 1945년 11월에 세운 CIE(민간정보국) 도서관을 이용하여 외국 문헌을 볼 수 있었다. 그곳에서는 패션잡지 등과 함께 학술잡지도 전시되어 있었다. 그래서 과학자들은 매일 이 도서관을 방문하여(아직 복사기가 없을 때이다) 주로 미국의 과학논문을 손으로 베끼곤 하였다.

또한 전쟁 이전부터 출판된 서양어로 된 전문서적을 타이프 인쇄 등을 통해 희망자에게 판매하는 해적판이 많이 나와 전후 과학자들의 지적 욕구를 충족시켰다. 그러한 출판은 점령군으로부터 판권 침해라는 경고를 받았다. 또 원서보다도 번역서로 출간되는 경우 많았다. 번역서가 값이 더 쌌기 때문이다.

과학기술은 문헌만으로는 쉽게 전달하기 어렵고 실물이 없으면 이야기할 수 없는 경우가 많다. 점령군 쪽의 과학기술자와 개인적 접촉을 통하여 트랜지스터 관련 기술 등이 전해진 일이 있다.

뿐만 아니라 실제로 외국으로 나가 자신들의 눈으로 확인해 보려는 욕구도 당연히 제기되었다. 보통 점령하에서는 유학이나 해외 방문은 외화 제한도 있어 간단하게 허가되지 않았다. 1948년 7월에 스톡홀름의 국제유전학회에 초청된 생물학자 기하라 히토시(木原均)는 일본인 과학자 중 최초로 외국 방문을 하였는데 그는 세계 일주를 통하여 서양 학계의 상황을 일본에 전하였다. 같은 해 미국 학계가 처음으로 초청한 유카와 히데키(湯川秀樹)도 특별 조처로 9월에 도미하여 프린스턴 고등연구소에 들어갔다.

공식적으로 해외 유학의 길이 열린 것은 49년 점령지역구제자금(GARIOA)에 의한 미국 유학생제도를 시작하면서부터였다. 1937년에 일본 정부 유학생 파견이 끝난 이후 12년 만의 일이었다. 이 점령지역구제자금 장학제도는 3년으로 끝나고 이후 풀브라이트 장학제도가 이어졌다.

일반적으로 과학자의 경우 미국 대학의 연구비에 의해 개인적으로 초대받는 경우가 많다. 이러한 현실을 반영하여 전후 세계 각국에서는 '미국으로 유출되는 과학기술자' 문제가 대두되었다. 일본 출신 과학기술자도 그중에 포함되는데, 과학자의 입장에서는 국제적인 감각을 체득하게 되는 등 좋은 점도 있었지만 두뇌유출이란 점에서는 문제가 많았다. 일본의 경우 유럽 선진국이나 한국, 대만 등의 개발도상국과 비교해도 상당히 많은 과학자가 유출되었다. 물론 그들 중에는 일본이 전시 쇄국 중에 해외에서 발생한 여러 전문 분야에서의 패러다임을 일본에 가지고 돌아와 전후 일본 과학계의 선도자가 된 사람도 많았다. 분자생물학을 가지고 온 와타나베 이타루(渡辺格)도 그 예이다.

5. 점령정책의 전환기

점령군의 정책은 점령기 도중에 변경되었다. 처음에는 일본에 민주주의의 고취, 재벌 해체, 농지개혁을 수행하고 노동조합을 지원하는 등 말하자면 뉴딜러적·진보적 정책을 취하였다. 일본학술회의의 성립도 그 성과의 하나로 생각된다. 그런데 1948년 무렵부터 냉전이 심화됨에 따라 점령군도 보수화하였고 초기의 진보적 인사들도 귀국하여 버렸다.

49년 초에 닷지(J. Dodge) 공사가 일본에 와 엄청난 인플레이션으로 어려움을 겪고 있던 일본 경제의 자본주의적 재건을 꾀하였다. 경사생산을 위한 정부의 재정적 지원의 삭제를 포함, 철저하게 합리화정책을 추진하여 대량정리가 단행되었다. 켈리 등의 과학기술과에서는 "과학기술자는 경제부흥에 필요한 인재들이므로 정리대상에서 제외되야 한다"거나 "과학기술 관계 예산의 삭감은 안된다"는 논리로 점령군 핵심부에 의견을 제기하였지만 효과는 별로 없었다. 일본학술회의도 정부에 대해 여러 번 제의하였다. 그 결과 약간의 배려는 있었으나 일본 과학기술계가 받은 타격은 엄청난 것이었다.

더욱이 합리화정책이 진행중인 가운데 50년에는 레드퍼지(red purge)[2]가 시작되었고, 과학기술 연구기관의 노동조합운동 역량도 없애 버렸다. 결국 같은 해 6월에 한국전쟁이 발발하자 평화헌법을 만들도록 강요했던 미국이 역으로 일본에 재군비를 요청하는 입장으로 변하였

2) 공산주의자 및 그 동조자를 직장·공직에서 추방하는 것.

다. 전후 민주주의 사관의 입장에서 보면 분명히 점령군의 보수화·반동화로 평가할 수 있다.

보수화의 일환으로 말할 수 있을지도 모르지만 점령기 후반에 이르러 점령군은 일본을 공산주의에 대한 방벽으로 삼기 위해 경제를 부흥시키려는 정책으로 전환하고 배상을 삭감·보류하여 일본 산업의 부흥을 도우려 하였다. 이 정책 전환은 켈리가 일본에 도착하여 이전부터 가지고 있던 경제부흥을 위한 과학기술이라는 생각에 접근한 것이었다. 사실 전반기는 과학기술과의 노력은 대부분 일본학술회의의 성립에 주어졌지만 이후에는 직접적으로 경제부흥을 위해 품질관리의 도입 등을 권고·원조·추진하였다. 점령군이 과학기술과 관련하여 한 일을 보면, 전반기에는 무장해제, 군국주의적 이데올로기의 타파, 민주화 고취 등이었으나, 후반기에는 실제 경제부흥을 위해 민주화보다 테크노크라시로의 정책으로 변화하였다고 말할 수 있다.

동시에 48년 말 무렵부터 전후 최대의 문제였던 식량위기가 호전될 기미가 보이기 시작하자 과학기술정책도 새로운 위상에 접어든다. 또 이때부터 점령군의 권한을 일본측에 위임하고 일본의 자력으로 경제의 부흥에 대처하게 되었기 때문에 점령군 기구는 축소되었다. 과학기술과의 경우도 일본학술회의를 성립시킨 이후 사무를 축소하는 방향으로 나아갔다. 켈리도 50년 1월에 사임하고 자신의 자리에 후배 데이스를 앉히고 귀국한다.

배상 문제의 보류

배상으로 지정된 과학기술시설에 대해서는 점령군 내에서 의견이 분분하였다. 미국인들에게는 일본의 시설 중 욕심이 나는 것이 없었다. 하지만 다른 나라들, 예를 들어 오스트레일리아나 중국 그리고 아시아 국가들의 경우는 일본이 전쟁중에 설치한 시설들을 어떻게 해서든 자국으로 가져가려고 했다. 일찍이 일본 제국주의의 침략을 받은 나라들로서는 배상도 하지 않고서 일본의 생활수준이 그들보다 높다는 것을 용납할 수 없었다.

제1차 세계대전 이후 패전한 독일에 대해 매우 가혹한 배상을 요구하였기 때문에 그것을 미루는 정책으로 나치당이 대두하였다고 본 미국은 일본이 그와 같이 되지 않을까 두려워하였다. 그 사이 냉전이 심화되었고 미국은 일본을 공산주의에서 아시아를 지키기 위한 전략적 공장으로 삼으려 했다. 그 때문에 미국의 대일 구상은 배상을 해제하여 일본의 부흥, 공업재건에 유용한 활동을 허가하는 방향으로 나아가게 되었다. 하지만 아시아 여러 나라가 반대하여 중간 배상으로 필리핀에 공장 기계가 보내진 일도 있다.

미국의 배상 유보 혹은 연장은 1948년경부터 일본의 경제부흥에 큰 도움을 주었다. 배상은 1952년 강화발효

후에 부활되었지만 그때에는 이미 일본은 상당히 경제
부흥을 이루고 있었다. 또한 배상을 요구하는 아시아 여
러 나라에 배상이라는 명목으로 과학기술 서비스를 제
공하게 되었는데, 일본은 그 연장선상에서 동남아시아
로의 경제진출을 강화할 수 있었다.

QC(품질관리)운동과 데밍 상(賞)

전쟁 전 서양으로 수출된 일본 상품은 '싸지만 질 나
쁜' 것으로 평가되었다. 후진국이 선진국을 따라가 시장
에 참여하는 과정에서는 반드시 통과해야만 했던 단계
였을 것이다.

하지만 1980년대가 되어 일본 제품의 질이 좋은 이유
는 무엇인가라는 질문이 서양에서 나와 그 대답으로 '품
질관리(quality control)'가 잘 되기 때문이라는 결론을 얻
었다. 이에 일본의 품질관리에 대한 책이 다수 출간되기
에 이르렀다.

그 사이 어떤 일이 있었는가? 점령기 후반에는 점령군
의 과학기술과의 멤버는 "일본은 결제부흥을 위해 수출
을 하지 않으면 안되는데, 수출을 위해서는 품질관리가
필요하다"는 점을 일본 산업계에 설명하였다. 그것이 절
박하게 인식되었던 것은 한국전쟁의 발발 이후이다.

일본 과학기술자가 모인 일본과학기술연맹에서는 미
국에서 품질관리의 추진자인 데밍(W. Edwards Deming)

박사를 초청하여 강연회를 열었다. 그의 품질관리 방식은 통계적 품질관리란 것으로 제품의 일부를 표본으로 추출하여 통계적으로 처리하는 방법이다.

바로 그때 1950년 6월 한국전쟁이 시작되었다. 이후 일본 산업계에는 미국으로부터 특수가 발생하였다. 그것을 수주하기 위해서는 미군이 지정한 품질을 유지해야만 했다. 일본 산업계는 처음으로 진지하게 품질관리에 몰두하게 된다.

그러나 그것은 단순한 기술적 수법에 의해 이루어지는 것이 아니었다. 데밍 박사의 강연록을 판매하여 만든 기금으로 데밍 상을 제정하여 품질관리에 공헌한 기업이나 개인을 표창하였다. 개인에게 수여한 본상과 함께 기업에 준 데밍상의 시설상 부문이 효과가 있었다. 기업의 경영자로서는 상을 획득하는 것은 기업이 명예를 얻고 그 회사 제품의 품질이 좋다는 것을 선전하는 효과가 있었기 때문에 회사의 목표를 데밍 상 획득에 두고 종업원들을 독려했던 것이다.

이렇게 경쟁적으로 품질관리에 돌입한 가운데 그것은 단순한 기술수준의 문제를 넘어 일종의 직장에서 사기향상운동으로 발전했다. 또 품질관리운동은 일본류의 노무정책으로도 나아갔다. 품질관리는 지금까지는 최종제품의 검사에 국한되었지만 일본에서는 그것을 직장의 각 작업단위 수준에까지 적용하였다. 1962년 무렵부터 직장은 QC 써클을 만들어 작업 후에 토론하고 사원 전원이 직장의 개량을 제안하여 좋은 방안이 있을 경우 이를 채택하였다. 다음 공정으로까지 공정의 각 단계에서 철저한 품질관리를 행하였던 것이다. 각 공정에 대해 다음 공정의 작업자는 평가자로서의 역할을 하였다.

1970년대에는 선진공업국에서 직장에서의 노동소외가 문제되었다. 미국의 여러 회사에서는 종래의 임금인상이나 노동시간 단축만을 요구한 것이 아니라 단순히 업무가 재미없다는 이유로 종업원들이 직장을 그만두곤 하였다. 이를 방지하기 위해 컨베이어 벨트가 움직이는 대신 작업자가 이동하여 한 상품을 생산하는 방식을 도입하여 기쁨을 맛보게 하거나 일의 지루함을 방지하기 위해 한 시간마다 일을 바꾼다든가 하는 등 여러 방법이 고안되었다. 일본에서는 QC 써클에서 노동소외 문제를 극복했다고 말할 수 있다.

물론 QC운동을 직장의 민주적 · 자발적 운동으로 볼 수는 없다. 하부에서의 제안은 경영자측의 이익에 부합할 때만 채택되었고 직장에서의 검토 결과 사장을 교체해야 한다는 것과 같은 경영권에 관한 제안은 채택되지 않았다. 그것은 경영층의 노동관리 문제와도 결부되어 QC운동의 시야는 직장의 기술적 문제에 한정되었다. 조합에서는 뚜렷한 QC반대운동을 벌이지는 않았지만 어느 노동조합 간부의 말과 같이 QC라도 하지 않으면 작업장의 지루함을 견딜수 없을 만큼 근대 공장생산 방식의 작업장은 소외 요인으로 가득 차 있는 것이다.

한국전쟁

한국전쟁이 1950년 6월 25일 발발하자 미군은 일본에 재군비를 요청하였고, 한국 특수가 시작되었다. 일반적으로 일본이 전후 경제적 곤경에서 벗어날 수 있는 실마리를 얻었다는 것은 한국전쟁에 의해 미군의 발주 특수가 있었기 때문이었다. 미군은 일본을 기지로 하여 한반도로 출격하였다. 군수물자를 일본에서 대량으로 사들이고, 무기 수리나 포탄의 발주 등의 특수도 있었다. 아시아 주변 국가들 중에서 무기의 부품을 조달할 수 있는 공업수준을 갖춘 나라는 일본뿐이었기 때문이다. 일본의 군수공업계는 '영광의 부활'을 맛보는 듯했다. 일본 카메라 렌즈의 질이 한국전쟁기에 미군 종군기자에 의해 평가된 일이 있었다. 그것을 계기로 니콘(Nikon), 캐논(Cannon) 등의 일본 카메라가 수출을 위해 생산되었고, 전후 도미즈카 기요시(富塚淸)가 술회했던 중공업보다 평화적인 정밀공업으로의 길이 열렸던 것이다. 더욱이 시계나 재봉틀과 같은 정밀공업이 일본 기술의 특징으로 되었다. 단 그것은 질좋은 제품을 대량으로 생산하기 위한 시장을 향한 기술이었지, 연구의 최전선에서 사용되는 고도의 천체망원경과 같은 특수한 제품을 개발하는 기술은 아니었다.

경제적으로는 한국전쟁은 구세주와 같은 것이었으나 동시에 일본 과학기술이 다시 한 번 더 전쟁에 휩쓸려 들어가는 것이 아닌가 하는 우려가 과학자는 물론 국민 사이에도 널리 퍼졌다. 사실 미군이 군사 연구를 일본 과학계에도 요청했다는 이야기가 새나오기도 했다. 그러나 전략적으로 가장 중요한 원자무기에 대해서는 연구금지를 해제할 생각은 없었다.

이러한 상황에서 무기생산으로 경제부흥을 꾀하자는 경제단체연합회(경단련)로 대표되는 산업계의 목소리와 군사와 관련된 연구를 금지하자는 일본학술회의로 대표되는 과학계의 주장으로 여론이 분열·대립하는 가운데, 일본은 미국과 단독으로 강화에 들어갔다.

6. 강화

사회주의권을 배제시킨 미국을 맹주로 한 서방 진영과 단독 강화는 51년 9월에 조인되었다. 다음해인 52년 4월 19일에 발효된 샌프란시스코 강화조약(그것에 수반한 미일안보조약)은 점령군으로부터 일본으로 주권이 넘어간 커다란 전환이었다. 점령군 과학기술과의 방침은 물론 일본인 테크노크라트들의 의도도 경제부흥을 위한 과학기술진흥이었다. 그래서 전자는 절대적인 권력과 간접통치 수단으로 전쟁 전의 전통을 파괴하고 전부 새로운 말하자면 미국식의 개혁을 추진하려 하였다. 하지만 그것은 어디까지나 일시적인 충격요법이었으며 미군에 의한 관리가 끝나고 일본인 스스로가 앞으로 나아가야 할 방법을 결정하지 않으면 안되었다. 그 점에 몇 가지 문제가 발생한다.

우선 강화가 이루어지면서 항공기나 원자력에 대한 점령 시대의 연구 금지가 해제되었다. 점령기에는 원폭 투하에 대한 비판을 막는 출판 검열 때문에 해외에서 어떤 일이 일어났는가에 대한 충분한 정보가 전해지지 않았지만, 그 사이에도 미소에 의한 원폭·수폭 개발 경쟁이라는 냉전은 진행되고 있었다. 또한 점령하의 일본에서는 연구 금지되어 있는 동안에 외국에서는 원자력에서는 원폭·수폭개발 경쟁에서 원자력 발전으로, 항공 분야에서는 수송무기, 우주개발로의 진전이 경쟁적으로 이루어지고 있었다.

과학기술을 둘러싼 이러한 국제정세에서 새롭게 참가하려는 일본이 나아가야 할 방향은 여러 가지가 있었다. 그것은 크게 보면 군사에서 민생으로의 선택이었다.

메이지 유신 당시 서양에서 기술이전을 꾀할 때는 두 가지 길이 있었다. 부국강병과 식산흥업(殖産興業)이 그것이다. 그래서 아시아 시장을 향해 섬유 등의 경공업을 통해 이익을 남겨 '식산흥업'을 이루어 또 하나의 국시인 '부국강병'을 달성한다는 방책이었다.

굳이 말하자면 전쟁 전에는 후자인 군사과학에 역점을 두어 과학기술의 발전은 파행적이었다고 할 수 있다. 이처럼 군사기술을 위해 국립 연구소나 군공창(軍工廠)에 중공업 기술이 누적되었고 그로부터 항공기, 거대 전함 등 역사에 이름을 남긴 기술이 생겨났다. 하지만 군사적 성격 때문에 민생 부문으로의 기술이전은 어려웠다. 그러나 점령군에 의해 파괴된 일본 기술진은 기계기술, 전기기술에서 전쟁 전의 유산을 물려받고 있었다. 게다가 1950년대의 세계정세는 대단히 살벌했는데, 한국전쟁은 아직도 끝나지 않았고, 냉전은 더욱 고조되는 분위기였던 것이다.

강화와 무기 생산

강화가 발효되자 그 6개월 후에 포츠담에서 가결된 무기 생산 금지항목이 무효화되었다. 아직 한국전쟁은 계속되고 있었다. 점령군은 강화 발효 이전인 52년 3월에 무기 생산 금지령을 완화하였고, 더욱이 4월에는 점령군이 조달하는 무기, 항공기 생산의 허가 권한을 일본 정부에 이양하겠다는 뜻을 통산성에 전하였다. 통산성은 전시 군수성의 후임이었기 때문이다.

종래는 무기 생산이 표면상 금지되어 있었기 때문에

'汎用品'으로 불려져 완성된 무기 이외의 전쟁필수품에만 주문이 들어왔다. 단 그것은 총포탄과 소화기류(小火器類)에 한하였고 원자탄과 같은 첨단무기의 주문은 없었고 일본은 그러한 기술력도 없었다.

한국전쟁 특수로 재미를 본 일본의 산업계는 강화 성립 후에도 그 수요를 바랐다. 한국 특수는 전쟁에 의한 일시적인 수요였지만, 전쟁의 추이와 관련 없이 냉전이 계속되는 한 미국이 계속해서 무기를 주문해 올 것이라는 기대가 있었다. 게다가 무기는 동남아시아 제국에도 판매될 가능성이 있었다. 그래서 경단련에서는 8월에 '방위생산위원회'를 조직하여 그 연구에 들어갔다. 재군비의 가능성이 계속 논의되기도 했다.

통산성도 무기 생산 노선을 추진하려 했는데 52년 7월에는 수출무기의 생산허가 방침을 결정하였다. 또 9월에는 무기 산업을 중요 산업으로 지정하였다. 10월에 「兵器等生産法要綱」을 결정하고, 재군비에 대응하는 군수 산업, 항공기 산업을 부활시키기로 결정하였다. 이전에 걸어온 길로의 복귀 가능성이 충분히 있었던 것이다. 무기 생산은 이제까지는 취급해서는 안되는 대상이었지만 이제는 보호 · 추진의 대상으로 변하였다.

그러나 결국 대장성에서 제동을 걸었다. 무기 생산은 전황에 의해 호황과 불황이 있어 안정적이지 못하므로 위험성이 항상 수반되는 것이며, 따라서 그러한 도박 같은 업종에 국비를 지원할 수 없다는 것이 그 이유였다.

통산성은 일본 산업의 부흥을 위해 수출 산업 육성을 추구하고 있었으므로 군비 그 자체가 목적은 아니었다. 결국 단념하고 시장 지향의 민생용 제품 생산 노선을 채용하게 되었다. 미 국방성은 무엇이든 방위 군수 생산과 관련된 것을 추구했지만 통산성은 이와 달리 군수이든 민수이든 국내 생산의 육성을 목적으로 하고 있었다. 따라서 이후 통산성은 민수(民需)로 방향을 잡게 되었다. 강화가 되어 일본이 자신들의 노선을 선택하려고 할 때, 전쟁 이전 노선으로 회기하려는 조짐이 일시적이나마 일어났던 것이다.

군비강화를 추진하는 방향으로는 보안청이 52년에 발족하였고, 54년부터 방위청으로 개칭되었는데, 그 사이 기술연구소, 기술연구본부를 만들었다. 다만 그 업무는 민간 기업이 위탁하는 설계 · 시험제작 업무를 맡았고, 기업에서 들어온 상품에 대한 품질검사와 평가를 맡는 관청으로서의 역할에 한하였다. 따라서 그 연구소들 스스로가 군사 연구개발의 모체가 된 것은 아니었다.

상황은 전쟁 이전과는 완전히 달라져 있었다. 일본의 뜻대로 군사과학 연구개발을 할 수는 없었고, 어디까지나 미국의 하청이었다. 강화 이후 일본의 항공기 공업이 부활했고, 타이어나 계기류 부품의 발주는 미국측에서 해 왔다. 그러나 미국의 군산복합체가 무기 개발의 주도권을 일본에 넘겨준 것은 아니었다. 기술면에서는 보면 전적으로 미국측으로부터 면허를 받아 생산하는 데 그쳤다.

과학자의 평화운동

강화 후 일본의 재계·산업계는 전쟁 이전의 부국강병책으로서가 아니라 주로 미국에서 새로운 특수(特需)를 기반으로 경제부흥을 위한 무기 생산으로의 복귀를 생각하기도 했다. 그러나 그것이 국책으로 채택되지 않은 것은 역시 과학계나 일반 국민 나아가 정·재계에서도 전쟁은 이미 신물나는 것으로 생각하였기 때문이다. 이러한 생각은 직접 사업 노선의 결정에까지 영향을 미쳤다고 보기는 어렵지만 당시의 신문이나 잡지에 나타나는 여론을 보면 명확하다. 또 이하에서 보게 될 과학자나 일반 국민의 평화운동, 원·수폭 반대운동도 힘을 지니고 있었을 것이다.

1945년 9월 18일에 『아사히신문(朝日新聞)』에 '원폭 투하는 국제법 위반'이라는 기사가 실렸는데 이 때문에 신문사는 점령군에 의해 48시간의 정간을 당했다. 이후 원폭의 피해를 전하는 일은 가능했으나 원폭투하에 비판적인 기사는 점령군의 출판검열에 걸려 자유롭게 보도되지 못하였다. 따라서 일반 국민은 미소의 원·수폭 개발 경쟁이 가속화되고 있는 사실을 잘 알지 못하고 있

었다. 그래서 강화 이후 『아사히그래프(朝日グラフ)』가 원폭특집을 다루었을 때 순식간에 50만 부가 팔려 나갔던 것이다.

해외 과학자들 중에는 원폭 개발에서 수폭 개발로의 이행 과정에서 사상적 이유로 참가를 거부한 과학자가 많았다. 1950년 2월에는 이러한 사람들의 손에 의해 「스톡홀름 호소」가 발표되었고 그것에 호응하는 형태로 일본의 학회도 평화성명을 발표하였다.

일본학술회의의 민과계 회원 등은 학술회의의 이름으로 정치적인 성명을 계속 발표하려 하였으나 그것이 반드시 채택된 것은 아니었다. 성명에 담겨진 평화에 대한 의지는 자명한 것으로 특별히 반대는 없었다. 그러나 원래 학술회의는 학자들의 모임이고, 정치적인 문제를 토의할 수 있는 곳이 아니라는 반론이 자주 강력하게 제기되어 평화성명결의가 부결되는 경우가 많았다. 다만 한국전쟁 직전의 「과학자의 군사 연구에의 불참가 결의」(1950년 4월 23일) 등은 과학자들에게 피부로 와 닿는 문제였으므로 채택되었다.

일본의 반원폭·수폭운동은 점령중의 언론검열 때문에 출발이 늦어졌는데 그 기점이 된 것은 1954년 비키니 군도의 수폭실험에서 일본 어선이 피해를 당한 사건이었다. 그 무렵 일본 과학자가 잡지의 기고문을 통해 원폭과 수폭의 피해를 설명하면서 국민들에게 호소하였다. 뿐만 아니라 조사선을 통해 피해를 과소평가한 미국 측의 발표를 반박한 것은 유명하다.

한편 대중운동과는 별도로 세계의 지식인들에게 호소하여 원폭과 수폭을 없애자는 운동이 있었다. 아인슈타인과 생각을 같이한 유카와 히데키는 원·수폭 폐기를 주창하는 1955년의 「러셀·아인슈타인 선언」에 찬성하는 서명을 하였고, 나아가 그러한 문제를 논의하는 국제적인 과학자 모임인 퍼그워시 회의(Pugwash Conference)에 동료 물리학자들과 함께 참가하였다. 퍼그워시 회의가 핵폐기보다도 핵을 가짐으로써 실제로 핵무기가 투하되는 것을 막는다는 소위 '핵억제'라는 현실 노선으로 전환하자, 이를 우려한 유카와는 도모나가 신이치로(朝永振一郎), 사카다 쇼이치(坂田昌一) 등의 동료와 교토 과학자회의를 조직하여 원래 지향한 핵폐기로의 복귀를 세계의 지식인들에게 호소하였다. 그리고 자신들의 주장을 세계에 알리기 위해 교토 과학자회의를 여러 번 개최하였다. 그것은 전후 물리학자가 원자력의 장래에 대해 발언권을 가진 최후의 시도였다고 말할 수 있다.

그러나 지금도 원폭은 절대악이며 폐지되어야 한다고 주장하는 후배 과학자들이 있다. 핵확산방지조약(NPT)에 의한 핵억지는 어떻게 생각해도 불평등조약이며, 현실이 어떠하더라도 앞으로 계속될 수 있는 체제는 아니다. 이러한 시각은 비핵보유국간에는 일치하고 있다. 그러나 이 조약은 1995년 5월에 무기한 연장이 결정되었다. 일본은 비핵보유국이면서도 미국의 핵확산방지조약을 지지하는 대국으로서 주변에서 곱지 못한 시선을 받고 있다.

원자력의 시작

점령이 끝나 원자력 연구가 가능하게 되자 전문가들 사이에서는 점령중의 연구 금지 때문에 출발이 늦어진 것을 우려하는 목소리가 있었다. 그러나 냉전중 비밀리에 발달한 원자력 기술로 인해 그것을 걱정할 필요는 없었다.

1953년 말에 아이젠하워 대통령은 '원자력의 평화적 이용' (Atomic Power for Peace)을 선언하고 농축우라늄을 우방국들에게 제공하겠다는 발표를 하였다. 미국의 정·관계에서도 혹시 이러한 조치가 핵확산을 촉진하지는 않을까에 대한 우려의 목소리도 있었다. 찬반 양론이 엇갈린 가운데 이 선언으로 핵의 평화적 이용이라는 길로 들어서게 되었다. 이것을 받아들여 나카소네 야스히로(中曾根康弘) 대의사(代議士)는 54년에 3억 엔의 원자력 예산을 받아 내었다. 이를 보통 나카소네 예산이라 한다.

당시 학계에서는 아직 전시중의 연구 금지 상태에서 벗어난 지 얼마되지 않아 나카소네 예산에 대응할 준비가 되어 있지 않았다. 우라늄을 취급하는 기술에도 자신이 없었다. 게다가 비키니 군도의 수폭 실험 이후 일본에서는 원·수폭 반대운동이 동시다발적으로 벌어지고 있었다.

원자력은 미국에서는 물리학자의 손을 떠나 기술자들이 다루고 있었으나 일본에서는 아직 물리학자가 발언하는 단계에 있었다. 그래서 그들은 일본학술회의를 통해 아직 충분하게 연구를 축적하지 못한 상태에서 느닷없이 평화적 이용을 고려하는 것은 시기상조라고 논하였다. 더욱이 냉전 체제에서 원자력 연구에 손을 대는 것은 군사 연구로 들어설 위험이 있기 때문에 공학계 회원의 추진 노선에 대하여, 다케타니 미쓰오(武谷三男) 등의 물리학자들을 필두로 이학계에 쓰루 시게토(都留重人)와 같은 사회학자도 가세하여 신중론을 폈다.

그래서 결국 54년 4월에 학술회의에서는 자칫하면 과학 연구자의 자주성을 잃을 수 있다는 우려에서 '자주', '민주', '공개'라는 이른바 원자력 삼원칙을 발표하였다. 이 원칙은 대학에 있는 과학자들의 아카데미즘 과학의 가치기준에 의한 것이었으나, 그것이 55년 12월의 정부에 의해 「원자력 기본법」속에도 채택되었다. 그 후 원자력 발전소에서 사고가 발생했을 때 학계에서는 줄곧 이 원칙을 유지하였다.

원래 무기로 개발된 원자력의 세계에서는 국제적으로

공개한다는 분위기는 전혀 없었다. 원자력 산업기술은 전쟁 전 일본에서는 경험이 없던 새로운 산업기술이었기 때문에 마치 메이지 시대와 같이 우선 외국에서 국가 산업 부문에 기술이전을 하는 형태를 띠었다. 나카소네 예산은 우선 통산성 소관의 공업기술원에 과학기술 연구비로 계상되었고, 이어 56년에 발족한 과학기술청은 이른바 원자력 추진을 위해 만들어진 기관이었다. 단 메이지 시기와는 달리 학계의 분위기가 비판적이었다. 그래서 비판적인 학계와 추진하는 쪽인 관계와 산업계 사이에 대립이 계속되었다. 초대 원자력위원회 위원장(초대 과학기술청 장관)인 요미우리(讀賣) 신문사의 사장 쇼리키 마쓰타로(正力松太郎)는 5년 이내에 원자력 발전을 실현하겠다고 공언하였는데 신중파 위원인 유카와 히데키와 정면 충돌하여 57년에는 유카와가 학술회의 위원을 사임하는 일이 발생했다.

50년대 중반인 당시의 에너지 수급은 수력발전에서 석탄에 의한 화력발전으로 전환되고 있었고, 당시 이미 석탄·석유 등 화석연료는 1970년대에 이르면 고갈될 것이라는 예측이 있었기 때문에 원자력발전으로 지금부터 준비를 하지 않으면 안된다는 의견이 있었다. "곧 세계적으로 석탄에서 석유로 전환하는 시대가 온다. 때문에 부족한 외화를 절약하기 위해서는 원자력을 추진하지 않으면 안된다"고 하는 것이 58년에 제출된 추진파의 이유였다.

관계와 산업계의 분열도 있었다. 경제기획청 장관 고노 이치로(河野一郎)가 추진한 국영론(國營論)과 원자력위원회 위원장 쇼리키 마쓰타로가 주장한 민영론(民營論)이 대립하였다. 실제로는 과학기술청의 국가적 프로젝트였던 자주개발 노선보다도 통산성과 전력산업계가 취한 외국으로부터의 기술이전이라는 손에 익은 방식이 채택되어 원자력발전이 실용화되기에 이르렀다.

2장 고도성장의 기적(1956년경부터 1960년대까지) : '承'의 위상

52년 강화 무렵에는 패전 직후의 식량위기는 극복되어 일본인은 배고픔에서 벗어날 수 있었다. 50년대 후반부터 고도경제성장을 시작하여 60년대에는 연간 10%를 넘는 성장률을 기록하여 세계를 놀라게 하였다. 그 사이 일본은 1960년의 안보투쟁 때에 아이젠하워(Dwight D. Eisenhower) 대통령의 일본 방문을 저지시키는 사건이 발생했는데, 정치 문제와 관련하여 국제적 자립으로 보도된 유일한 예다. 이후는 오로지 고도경제성장의 길을 앞만 보고 달려갔다. 그것과 동시에 경제를 우선시하는 일본 과학기술의 특징이 드러난 것도 이 시기이다.

1. 통산성 신화

　찰머스 존슨(Chalmers Johnson)이라는 미국 학자가
『통산성과 일본의 기적』이라는 책을 쓴 것은 1982년이
었다. 그는 미국에서는 정부가 기업을 규제하는 데 반
해, 일본 정부는 기업을 육성하는 산업정책을 취하고 있
다고 서술하고 그 산업정책을 담당하는 관청이 통산성
이라고 소개하고 있다. 또한 이 책에서 저자는 통산성의
메커니즘과 과업수행 방식을 상세히 쓰고 있다. 이 책은
일본의 경제성장에 관심을 가진 외국인들에게 폭 넓게
읽히고 있는데, '전후 일본'이라고 할 때면 그들은 우선
통산성에 대한 논의부터 시작한다.

　외국 특히 일본을 모방하여 과학기술 개발을 시작하
려는 나라들에서는 통산성과 같은 정부기관을 만들고
싶다고 이구동성으로 말한다. 특히 일본 주변의 소위 신
산업지역(NIES : 한국, 대만, 싱가포르, 홍콩)의 국가들은
통산성을 흉내내어 정부 주도로 첨단기술을 도입하려
한다.

　그러나 통산성이 사회주의권처럼 뚜렷한 산업정책을
일관되게 가지고 있는 것은 아니다. 오히려 국제적 상황
에 대응하여 수시로 그 노선을 조정하는 방식을 취하고
있다. 통산성의 기본적인 방침은 선진국 기업의 자본이
나 기술의 진출로부터 일본 기업을 보호하고 충분히 국

제경쟁력이 갖추어지면 자유로운 길을 걷도록 한다는 것이다. 군소 기업이 난립한 상태에서는 외국으로부터 자유화의 압력이 들어왔을 때 적절하게 대응할 수 없다. 그래서 각 업종에서 몇 개의 회사만 골라 그 사이에서 경쟁을 시킨다. 외국의 특허 보유자와의 교섭에서도 국내 기업이 한데 뭉치면 대응하기 쉽다.

사실 통산성이 가장 빛을 발한 시기는 50년대에서 60년대 초반까지였다. 1950년에 외자법(外資法)이 제정되어 수입업자는 모두 통산성의 관리하에 놓였다. 그 권력의 근원은 외화 할당을 장악하고 장래성 있는 업종에 중점적으로 지원하는 데서 비롯되었다. 60년대 중반부터 외국에서 자본자유화를 요구하는 목소리가 높아지자 간신히 68년에 기술도입을 대폭적으로 자유화시켰다. 외화가 자유화됨에 따라 통산성은 '행정지도'란 명목으로 지도를 계속하였지만 이전처럼 강력한 지도력을 발휘하지는 못했다.

그러나 통산성의 우수한 관료들은 세계의 추세를 전망하고, 이로부터 일본 기업이 나아갈 바를 제시하여 일본 산업을 '지도' 하였다. 다만 그 지도도 과학기술정책이라 할 수 있을 정도로 수미일관한 것은 아니었다. 각 업종마다 제멋대로였고, 이런저런 지도가 잘 된 경우만 '성공담'으로 선전되었기 때문에 그 뒤에 감추어진 무수한 실패는 지워져 버렸다.

따라서 결국 통산성에 주목하는 외국의 뜨거운 시선은 과대평가로 보인다. 하지만 통산성이 전후 일본 과학기술의 노선을 결정하였다는 말은 가능하다. 점령이 끝난 직후 군사노선의 부활에 열심이었던 통산성이 바로 그 정책을 그만두고 민생 중심으로 방향을 돌린 것은 통산성으로서는 매우 커다란 전환이었던 것이다. 영어 명칭인 **Ministry of International Trade and Industry**에서 보이듯이 통산성의 주요 임무는 국내의 산업을 진흥하고, 수출무역에 의한 경제성장을 꾀하는 것이었다. 때문에 산업 분야가 군사이든 민생 부문이든 별로 신경을 쓰지 않는다. 다만 미·소라는 초강대국이 군사적 우위를 확보하기 위해 열중하고 있었기 때문에 그들과의 경쟁에서 별다른 대응을 할 수 없었고, 따라서 오로지 민생 방면에 철저를 기하였다. 그리고 그 선택은 올바른 것이었다.

2. 기술이전에 의한 고도성장

오늘날 사용되고 있는 '기술이전' 이란 용어는 60년대부터 국제연합 기관에서 사용되었다. 제3세계에 선진공업국으로부터 기술을 이전할 때, 양자간에 상하 관계 혹은 선진국의 지배와 후발국의 종속 관계가 아니라는 배려에서 수평적 · 중립적 용어로서 기술이전이라는 말이 쓰이게 된 것이다. 또 이 용어는 기술이전의 성패는 기술을 받는 측에만 있는 것이 아니라 기술을 주는 쪽의 문제도 있다는, 즉 선진국의 책임도 있다는 뜻을 함축하고 있다.

하지만 50년 무렵 일본에서는 '기술도입'이라는 용어가 사용되고 있었다. 도입이라는 것은 일방적인, 굳이 말하자면 상하 관계의 이전이다. 그것은 서양 특히 미국에서 일본으로 일방적인 기술도입을 하는 것이었다. 또한 당시의 기술이전은 오로지 일본의 선도에 의한 일본의 문제였다.

과학기술을 첨단에서 연구개발을 할 때 그 선구자들의 성공담에서 역사가 시작되지만, 일본의 고도성장에서는 그러한 성공담은 거의 없다. 일본의 경우 주로 외국으로부터 기술이전을 통해 고도성장이 이루어졌기 때문이다.

후발국 이익으로 이야기되는 것이 있다. 생산기술 발전의 역사에서 첨단 연구를 진행시키는 것은 비용이 많이 들지만 일단 발견된 기술을 다른 나라에 이전하면 초기의 연구개발에 드는 비용과 시간을 절약할 수 있다는 생각이 그것이다.

이것은 순전히 경제상의 문제만은 아니다. 첨단기술의 경우 언제나 성공이냐 실패냐 하는 위험이 따른다.

이 위험을 극복하면 그것은 선구자의 극적 성공담이 된다.

한편 선진국은 자신들에게 적당한 과학기술을 개발하기 때문에 그것이 다른 지역에 이전되어도 잘 정착할지는 모른다. 기술은 그 지역에 맞는 접점을 제대로 찾아내지 못하면 뿌리내리지 못한다. 그래서 선진국과 후진국의 격차는 점점 더 벌어진다고 하는 비관론이 있다. 이 두 이론을 염두에 두고 일본 고도성장기의 과학기술을 자리매김하여 보자.

자주기술인가 수입기술인가

1950년 5월에 외자도입에 관한 기본 법규인 외자법이 만들어졌다. 그것은 해외자본의 일본 유입을 규제하여 일본 기업을 보호하는 의미도 있었는데, 이 시기부터 기술도입이 가능하게 되었다.

전후 미국의 기술을 수입하려 할 때에 일본 국내에서는 '국산 자주기술에 의존할 것인가, 수입기술을 손쉽게 받아들여 그 방법을 사용할 것인가 하는 문제가 과학기술자들 사이에서 논쟁의 대상이 되었다. 사회주의계의 발상을 가진 과학자들은 기술도입은 미국 자본주의에 오염된 기술로 일본을 침략하여 일본 과학기술자가 미국에 종속되는 결과를 초래할 것이라는 이유로 기술도입을 반대하였다.

일본 기술자들도 도입된 외국 기술이 우선시되면 자신들의 입장이 약화될 것을 두려워하였다. 예를 들어 동양레이온은 전쟁 전부터 미국 듀퐁사의 뒤를 이어 나일론을 개발하여 그 기술진은 자신을 가지고 있었는데, 그것이 듀퐁사의 특허를 침해하는 것은 아닌가라는 말에 눈물을 머금고 기술도입을 받아들였다. 그러나 그들 자신은 그러한 경우는 기술도입이 아니라 기술원조에 지나지 않는다고 부르며 자긍심을 가지고 있었다.

특히 젊은 기술자들은 국산 기술을 존중하는 것이 외국에 특허료를 지불하는 것보다 자주적인 연구개발에 많은 투자를 하게 만들고, 결국 자신들이 존중받게 될 것이라는 생각에서 기술도입을 환영하지 않았다. 히다치(日立)제작소는 전통적으로 자주기술을 존중하는 분위기가 강하였기 때문에 대학을 갓 졸업한 기술자들은 히다치에 많이 들어갔다.

또한 정부의 입장에서도 외화가 부족한 시기에 기술도입에 많은 외화를 사용하여 재정이 악화되는 것을 두려워하였기 때문에 외화를 할당하는 일을 맡은 통산성은 기술도입 허가를 주저하였다.

그러나 경영자의 입장에서는 어느쪽이 제품을 싸고 빠르게 생산할 수 있을 것인가가 중요하였다. 그리고 당시 일본에서는 이미 가능한 기술을 외국에서 사오는 쪽이 새롭게 자신들이 개발하는 것보다 위험이 적고, 빨리 생산에 들어갈 수 있어 인건비도 싸다는 계산을 하고 있었다. 모방인가 창조인가 하는 과학계의 평가기준은 산업계에서는 성립하지 않는다. 굳이 산업계의 선택기준을 말하자면 당시는 창조보다는 모방이 더욱 매력적이었다.

또한 우선 기술을 도입하여 전시중 공백을 빨리 메꾸고 그 토대 위에서 자신들이 개발을 하는 방법이 현실적이라고 많은 기술자들은 생각하였다. 이데올로기적으로 기술도입에 반대하는 사람들은 별도로 하고, 자주기술개발과 외국기술도입은 서로 대립·배반하는 관계가 아니라 양자가 상호 보완적인 것이다. 일본의 경우 전쟁 전의 기술수준에 수입기술이 부가되어 기술을 단기간에 세계적 수준으로 끌어올리게 되었다. 자주기술개발은 그 이후의 일이었다.

기술도입의 성공

이렇게 1950년대 초반부터 시작된 기술도입은 60년대 고도성장의 기틀이 되었다. 그 사이 귀중한 외화를 사용하지만 기술도입을 하는 것이 국가나 기업 모두에 이익이 된다는 것이 증명되었다. 그래서 60년경부터 기술도입은 더욱 많아지게 되었다. 60년대가 되어 이케다 하야토(池田勇人) 총리는 외화 제한을 풀고 적극적으로 자유화하려 했고 통산성도 자신이 붙어 그러한 정책을 밀고 나갔다.

기업은 자유화의 목소리에 놀라 외국 자본에 석권당하지 않기 위해 무언가 자사의 기술수준을 높이려고 노력하였다. 그 때문에도 가장 먼저 손을 댄 것이 바로 기술도입이었다. 당연히 기술도입이 성행하였다. 그 무렵 미국을 방문한 기술자는 경영자측으로부터 무엇이라도 좋으니 도입할 수 있는 기술을 찾아내라는 요청을 받았다.

당시 미국이 일본에 관대하게 기술을 제공하였기 때문에 일본의 기술진흥이 가능하였다는 주장이 있다. 분명히 그러한 측면이 있지만, 냉전이 심화된 50년대에 미국이 기술제공을 한 것은 특별히 일본에 국한된 것이 아니었다. 서방측에 소속된 유럽의 자본주의 국가들에게도 똑같이 문호를 개방하고 있었던 것이다. 그러한 점을 생각해 보면 유럽이나 아시아의 여러 나라에 비해 일본이 미국으로부터의 기술도입에서 가장 성공하였다고 말할 수 있을 것이다.

기술도입의 수법

일본이 기술도입에 성공한 이유는 기술도입에 필요한 사회기반(infrastructure)이 개발되어 있었다는 것을 들 수 있다. 일본에는 메이지 이래 혹은 고대까지도 거슬러 올라간다는 사람도 있을 것이지만 외국의 기술을 도입한 경험의 축적이 있었다. 게다가 전쟁 전부터 미국이나 독일 기업과의 제휴가 있었고, 전후에 그 관계가 회복되어 그 라이센스를 가지고 급속한 기술도입이 가능하게 되었던 것이다. 기술이전의 공여자인 유럽과 미국측이 기술자를 파견하여 제품이 완성되기까지 일본인을 지도한 것도 있었으나 일본측이 급속하게 배우고 그러한 기술을 다룰 수 있는 능력을 가졌다는 것도 중요한 조건이었다.

전쟁 전 아니 메이지 시대부터 일본은 선진국의 기술을 도입할 때, 수입한 기계를 부품 하나하나를 분해하여 본 다음 그것을 다시 조립하여 모방하였다. 연구개발에서 시험 제작을 거쳐 생산, 시장개발에 이르는 일반적인 과정을 반대로 진행시킨 것이었기 때문에 이를 분해공학(reverse engineering)이라 한다.

분해공학

그러나 그것은 자동차와 같이 기본 원리를 정확하게 이해하는 분야에서는 가능하지만, 화학공업 · 전자공업과 같이 혁신적 기술에 기반하는 분야에는 사용할 수 없다. 이들 분야에서는 적당한 기술료, 특허료를 지불하고 기술을 수출하는 나라로부터 이를 직접 배우지 않으면 안된다. 이 때문에 일본은 전쟁 이전부터 서양 사회와 기술 제휴를 하고 있었다. 전후 그러한 관계를 부활시킨 분야는 나일론 등 화학섬유공업이 그 시초이다. 기술제휴를 하면 기술제공을 하는 나라에서 기계와 기술자를 파견하여 실제로 제품이 나올 때까지 지도하여 준다. 그래서 기술을 받는 쪽의 기술수준이 향상되면, 위의 그림에서 나타나듯이 기술이전의 접점은 점점 왼쪽으로 이동하게 되는 것이다.

물론 이같은 비용이 무료는 아니다. 그러나 전후 일본의 제조공업은 이러한 기술료, 특허료의 대가를 충분히 얻었다는 것이 증명되었다. 또한 기술도입을 성공시키기 위해서는 이를 받아들일 수 있는 사회의 기반 구조가 필요하다는 점도 드러났다.

과학기술자의 입장이라면 몰라도 소비자 혹은 경영자의 입장에서는 '발명 · 발견 올림픽'에서 상을 받는 것에 관심이 있을 까닭이 없다. 일본인이든 외국인이든 상관없이 아이디어만 있다면 그 아이디어에 특허료를 주거나 보다 손쉽고 빠르다면 그 과학기술자를 높은 급료를 주고 초청하면 된다. 문제는 그것을 생산에 결합시키기까지의 메커니즘에 있는데, 바로 그 부분에 하루아침에 이루어지지 않는 기반 구조가 자리잡고 있는 것이다.

기술이전의 기반 구조

기술의 성격을 잘 파악하지 않으면 기반 구조의 중요성에 대한 올바른 답을 얻을 수 없다. 전쟁 전 아니 메이지 초기부터 일본인이 서양 과학기술을 따라잡기 위해 사용한 방법은 서양의 과학기술정보를 우선 정부 부문에서 수입하고, 그로부터 민간 기업을 육성하여 기술이전을 하는 방식이었다. 그것은 복잡한 과정이다. 발명이나 발견에 관한 얘기처럼 개인에게 그 공적을 돌릴 수 있는 단순한 것은 아니다.

일본에서 과학기술은 우선 서양에서 일본의 국립대학·전문학교나 국공립 시험소·연구소 등의 공적 부문으로 들어온 이후 기업 등의 사적 부문으로 이전되었다. 메이지 초기에는 식산흥업의 기치 아래 관영공장에 이전되었는데, 생산기술은 메이지 10년 무렵이 되어서야 채산성을 확보하여 민간에 불하되었다. 이러한 방식으로 기술에 의한 생산을 하여 채산성이 맞기 시작하자 그 기술은 살아남게 되고 민간에 뿌리를 내려 기술이전이 성공하게 되었다.

일반적으로 기초적인 지식의 단계에서는 산업계에서 정보를 공유하고, 상품화에 가깝게 되면 기업마다 분리되어 경쟁적으로 개발을 진행한다. 이러한 방식으로 전쟁 전에 기반 구조가 가능하였다. 요컨대 이것이 일본에서의 기술이전의 구조였다.

전쟁 이전에는 아직 군수(軍需)가 중심이었지만, 전후에는 민수(民需) 부문에 집중하였기 때문에 이 '시장지향'의 과학기술의 기반이 잘 생겨나 고도성장이 실현될 수 있었다. 그것은 되풀이 해서 말하지만 '협조와 경쟁'이 뒤섞인 복잡한 구조이다. 이것을 '관·산·학' 네트워크, 대기업과 그 하청 기업 간의 네트워크로 일단 설명해 보자. 그 네트워크의 주요 마디에 수입된 과학기술 정보가 존재하였고, 그것이 전체 기반 구조에 스며드는 식이었다. 이러한 네트워크 작업은 과학기술사 연표나 발명 혹은 발견의 연표에는 기록하기 어려운 것이다.

사실 생산기술이 전부 과학에서 하나의 아이디어만으로 혹은 첨단적인 기술만으로 표현되는 것은 아니다. 틀림없이 첨단 기술을 가지고 있는 기업에는 산업스파이를 이용하여 훔치고 싶은 개인적인 발명 혹은 발견이 있을 것이다. 대학에서 우수한 연구논문이 발표되고 우수한 특허 신청이 있을 것이지만 그것만으로는 충분하지 않다. 제품이 생산되어 시장에 나가기까지의 과정에는 여러 요소가 들어간다. 이 과정에도 창의와 연구가 필요할 것이다. 그것들을 종합하여 시장에 가장 적합한 형태로 만들어 내는 것이 시장에서의 경쟁에서 이기고 살아남는 것이다. 그러한 기술이 활력을 가지는 기반에는 지

적인 전통도 있고 기술자, 생산자의 교육수준, 기술수준
도 있다.

80년대가 되어 일본 기업이 미국의 기초과학에 무임
승차(無賃乘車)하고 있다는 논의가 있기 때문에 굳이 일
본을 위해 변명하자면 그 기반 구조를 만든 것은 결코
무료가 아니다라고 말할 수 있다. 현재의 과학기술 시장
에서는 보편적인 과학은 논문으로 공개되어 무료로 누
구라도 입수 가능한 것이지만, 그것을 기술 특히 생산기
술로 전환 혹은 발전시키는 것은 특정 지역의 조건에 맞
는 것이어야만 하고 이러한 작업에는 상당한 비용이 들
어간다. 결국 과학은 무료라고 하더라도 유효한 기술로
만드는 것은 비용이 들게 되는 것이다. 50년대 일본 정
부와 재계는 첨단기술의 자주개발에는 심혈을 기울이지
않았지만, 그것을 도입하여 생산에 결합시키는 과학기
술자를 양성하는 정책에는 열심이었고, 항만·도로 등
의 기반 구조의 건설에도 자원을 우선적으로 투입하였
다. 뿐만 아니라 자본주의 생산에서 가장 중요한 시장
조사와 발굴도 빠질 수 없는 것이었다. 그러한 일 모두
가 기반 구조로서 이익을 남길 수 있는 것들이었다.

50년대에는 미국이 일본을 보는 시각이 유연하였기
때문에 기술료를 받고 특허를 판매하는 데에 별다른 조
건을 달지 않았다. 이 무렵 일본은 아시아 시장을 향하
여 기존의 기술로 생산 가능한 섬유공업제품을 판매하

고, 선진국으로부터는 고도의 신기술을 도입하였다. 그리고 일본 국내의 구매욕구가 상승하였기 때문에 초기에는 기술도입에 의해 생산한 상품은 국내 시장을 겨냥한 것이었다. 그리고 짧은 기간 내에 일본인에 의한 독자적인 특허가 추가되어 기술의 형태가 상당히 변화하였기 때문에 그것으로 세계시장에 진출해도 특허법상의 문제가 되지 않아 기업들은 성장할 수 있었던 것이다.

기술이전의 네트워크

메이지 이래의 기술을 이전하는 과정에서 도쿄와 오사카에는 공업시험소가 있었고, 농사시험장이 각 현에도 설치되는 등 기술이전의 네트워크가 연결되어 있었다. 중소 기업과 같이 부설연구소를 유지할 수 없는 기업들은 지역의 공업시험소와 상담하여 기술이전을 꾀하였고, 지방자치단체나 상공회의소에서도 기업유치나 기술지도를 담당하였다. 따라서 일단 외국에서 기술이 이전되면 그 기술은 일본 국내로 신속하게 보급될 수 있었고, 여기에는 보이지 않는 네트워크가 작용하고 있었다. 결국 일본의 기술이전 네트워크는 그 주요한 부분에 통산성 등 국가기관이 자리잡고 강력한 산업정책을 시행하는 구조였다.

이러한 네트워크에서의 기술 개발 활동은 반드시 기술사에서 이름을 남길 만한 첨단적인 연구개발은 아니었다. 그러므로 노벨상이나 특허의 수와 같이 발명이나 발견으로서 지표화할 수 없는 것이다. 또한 네트워크라는 것이 무엇인가를 일반화하여 한마디로 설명하기도 어렵고 개인에게 그 공적을 돌리기 어려운 점이 있다는 것은 확실하다.

네트워크에는 경쟁뿐만 아니라 협조도 있다. 어떤 산업계에도 경쟁과 협조의 상반된 요소가 혼재하고 있고 그 사이의 구별은 경우마다 다르기 때문에 이것 또한 지표화·공식화하기 어려운 점이 있는데, 기업 내에서는 각 과학기술자의 개인간의 경쟁보다도 기업목적을 향한 협조가 유지된다. 같은 업종 사이에서도 경쟁만으로는 한계가 있고, 업계 내부의 협조에 의해 기술이전이 순조롭게 진행되는 경우도 있다. 이렇게 하여 일본이 성취한 전후의 변용을 테사 모리스-스즈키(Tessa Morris-Suzuki)는 최근의 저작에서 '네트워크'에 의해 설명하려 하고 있다.[1] 네트워크는 어느 나라에도 존재하는 것이지만, 원래 영국인 경제학자 출신인 그녀가 기술하는 것은 일본의 네트워크야말로 서양에 비해 일본적 특징을 나타내고 있다는 점이다. 기술은 네트워크의 세세한 부분에 스며들어 있다. 중앙의 관청에서만 제대로 알아서 한다

---

1) Tessa Morris-Suzuki, *The Technological Transformation of Japan : From the Seventeenth to the Twenty-first Century* (Cambridge University Press, 1994).

고 해서 해결되는 그러한 성격의 것이 아니다.

그러한 네트워크는 상당히 비공식적인 것이기 때문에 정량적으로 다룬다거나 그 메커니즘을 분석하는 것은 어렵다. 그것은 어떤 경우는 기술자에 의한 기업을 초월한 고교·대학 동창회 조직일 수도 있고 다른 경우는 업계가 기획하여 개최하는 기업의 세미나일 것이다. 또 어떤 경우는 통산성이 주도권을 가지고 시행하는 연구조합일 것이다.

연구조합은 원래는 영국의 연구자 조직이었지만 그것을 일본인이 받아들여 연구개발의 초기에 기업간의 연구회로 만들었다. 초기의 기초적 연구 단계에서는 통산성이 어느 정도의 예산을 할당하여 기업간의 공동 연구를 지원하다가 일정한 단계에 이르면 해산하여 이후는 기업간의 경쟁과 시장원리에 따른다는 것이 그 기본 구조이다.

이러한 연구조합의 조정자로는 개별 기업의 이해에 초월한 대학 교수가 선택되는 경우가 많았다. 그렇게 하여 대학과 기업 간의 벽을 허물고 아이디어의 유통을 촉진하는 것이 정부의 일이었다.

통산성이 선택한 산업 분야는 제철, 조선에서 가전 분야에 이르기까지 폭 넓은 것이었고, 더욱이 55년에는 「국민차 육성 요강안」을 내놓으면서 승용차 생산을 장려하기 시작했고, 57년에는 「전자공업진흥임시조치법」

을 제정하여 컴퓨터 산업의 육성에 착수하였다. 그리고 승용차에서는 60년대 전반에 마이카(my car) 시대가 시작되었고, 컴퓨터 산업에서는 통산성의 보호 아래 일본의 전기회사, 통신기기 회사가 70년대에 이르러 거대한 IBM에 대항하는 기종(중형컴퓨터)을 만들어 내게 되었던 것이다.

NC선반의 예

전후 일본의 NC(수치제어)선반(施盤)의 발달은 그러한 예였다. 모든 공업기술의 기반인 공작기계의 연구개발은 전쟁 이전 일본에서는 별로 진척되지 못했다. 정부와 군은 첨단 군사과학에 힘을 기울였을 뿐 공장기계는 민간 중소 기업에서 맡고 있었다. 공장에 설치되어 있던 국산 공작기계는 단순한 범용선반 정도였고, 세밀한 기계들은 전부 독일이나 미국 제품이었다.

전후 1950년대에 처음으로 미국에서 수치제어에 의한 공작기계가 미공군의 하청을 받은 기업과 매사추세츠 공과대학(MIT)의 연구자들에 의해 발명되었다. 그 기술이 MIT의 연구보고서로 제출되어 있는 것을 당시 미국 대학에서 근무하고 있던 일본인 교수가 일본에 가지고 돌아와 자동제어 연구회에서 보고하였다. 이 정보는 연구회에 소속된 도쿄대학, 도쿄공업대학, 통산성 기계기술연구소 그리고 기업의 연구자 사이에 급속하게 퍼져 나갔다.

통신 분야에 진출해 있던 후지쓰(富士通)는 사내의 최우수 기술자를 총동원하여 집중적인 연구를 하여 1956년까지 NC공작기계의 최초의 원형을 만들어 냈다.

그러나 아직 실용화 정도는 못되었다. 그때 공장기계의 메카였던 마키노가 관심을 가져 공동연구개발을 추진하였다. 전자의 후지쓰와 공작기계의 마키노가 협력하여 만든 시작품(試作品)을 전시한 것이 1958년이었다. 하지만 전시중에 고장이 나 제대로 작동하지는 않았다.

하지만 이 시점에서 히타치와 新미쓰비시중공업 등의 다른 회사들이 관심을 가져, 공동으로 개발에 착수하였고 처음으로 상업적으로 성공한 NC선반이 탄생하게 되었다. 그 사이 출발점이었던 MIT의 것과 기본적으로 상당히 다른 것을 만들어 낼 수 있었다. 또한 트랜지스터와 IC(집적회로)로 이동한 최신의 전자기술의 발전을 받아들였다. 그래서 후지쓰에서 전자 산업을 전문으로 독립법인을 만들었으며 1966년에는 세계에 NC선반을 판매할 수 있었다.

이러한 발전을 미국의 경우와 비교해 보면 커다란 차이가 있음을 알 수 있다. 미국은 주로 군사적 필요에 의해 연구개발을 한다. 군이 스폰서(sponsor)가 되면 시장에서의 가격경쟁은 문제가 되지 않는다. 연구개발을 담당하는 기술자도 기술적으로 수준 높은 것이면 만족하게 되고 가능한 한 싸게 만드는 데에는 노력을 기울이지 않는다. 돈에 구애되지 않고 우수한 것을 만들면 그것으로 충분하기 때문이다.

그런데 일본의 경우에는 연구개발이 처음부터 시장을 목표로 하고 있었다. 기술적으로는 뒤지더라도 값싸다면 그 쪽으로 개발노선을 수정하는 것도 충분히 이득이 된다. 또한 전자기술만이 아니라 전통적인 공작기계나 계산기 기술과의 균형을 염두에 두고 개발노선이 결정된다. 일본 기술의 성격은 바로 그러한 것이었다.

기업의 중앙연구소 설립붐

56년경부터 '기술혁신'이라는 말이 산업계의 유행어가 되었고 미국 경영학이 도입되어 '총매출액의 몇 퍼센트를 연구개발비로 사용할 것인가'라는 문제가 경영자 사이에서 대두하였다. 그 결과 기업이 고도성장과 동시에 그 연구기능을 강화하려는 움직임이 나타나 1961년을 정점으로 기업의 중앙연구소 설립붐이 일어났다. 연구는 대학에서, 개발은 기업에서라는 것은 모든 나라에서 공통된 분업 체제지만, 고도성장기에 들어선 기업의 기세가 드높았기 때문에 대학과 국공립연구소에서 인재를 끌어들였다. 이렇게 되자 기업의 연구자 중에는 '이제는 대학을 상대하지 않는다'라고 호언하는 사람도 있었다.

그러나 당시 주로 미국으로부터 기술도입을 할 때 이 중앙연구소가 어떤 역할을 했는지는 의문이다. 중앙연구소에서 이루어진 기초 연구가 해당 기업에 의해 직접 생산으로 연결된 것은 일본의 기술이 국제적 수준으로 성장한 1980년대의 일이라 할 수 있다. 당시로서는 오히려 일종의 기업 위상을 높이는 차원에서 중앙연구소 설립붐이 확산된 것으로 해석된다. 또한 중앙연구소가 없는 기업에는 대학을 갓 졸업한 우수한 과학기술자가 입사하지 않았기 때문에 당장의 이익보다는 20년 후의 장기적인 안목에서 중앙연구소가 필요하였다고 말할 수 있다. 그래서 이 무렵부터 기업이 과학기술 연구개발에 사용하는 돈이 정부예산에서 지출하는 비용을 앞서게 되어 오늘에 이르고 있다. 결국 일본의 민간 기업 주도형의 연구개발 구조는 이미 1960년대 전반에 만들어졌다고 할 수 있다. 즉 고도성장으로 자신을 얻은 일본 기업들이 이 시기에 이르러 중앙연구소를 가질 만한 여유를 갖게 되었던 것이다. 하지만 60년대는 작은 불황에도 연구소의 예산을 삭감해야 하는 불안한 상태에 놓여 있었다.

이처럼 연구가 기업의 생산과 경영에 직접적으로 기여하는 정도에까지는 이르지 못하였지만 기업에서 일하는 연구자의 수는 착실하게 증가하였다. 전쟁 전 일본 기업에는 기술자들은 많았으나 연구자로 불리는 사람들은 극히 적었다. 전후는 1953년부터 1959년 사이에 기업의 연구자 수는 2배, 연구예산은 4배로 증가하였다. 60년대가 되어 연구자의 수에서도 기업 연구자가 대학의 자연과학계 연구 인력과 비슷한 정도로 성장하였고, 70년대에 이르러서는 대학 연구자의 2배에 달하였다. 일본에서 기업 과학 우위의 연구 구조는 이 무렵부터 나타나게 되었으며 대학의 연구를 능가하게 되었다. 기업 우위라는 일본의 연구 구조는 일찍이 이 무렵, 즉 중앙연구소 설립붐 무렵부터 나타나고 있었던 것이다.

3. 스푸트니크 충격과 이공계붐

1957년 10월 4일은 전후 세계 과학기술사에서 최대의 사건이 발표되었다. 그 날 소련에 의해 인공위성 1호인 스푸트니크(Sputnik) 발사가 성공하였던 것이다. 이 날부터 인류는 우주 시대에 접어들었다고 말하는 평론가들도 있었다.

그 직접적 영향은 미국에서 일어났다. 그 때까지 과학기술에서 세계를 선도하고 있다고 믿고 있던 미국은 소련에 추월당함으로써 국위에 상당한 손상을 입었다. 표면적으로는 국가 위신의 문제로 보이지만 사실 그 배후에 있는 우주무기, 대륙간탄도탄(ICBM)의 경쟁에서 미국은 소련에 따라잡히게 되었다. 원·수폭 개발경쟁에서는 미국이 소련에 추격당하고 있었다. 수소폭탄은 궁극적인 무기라 일컬어지지만 그것을 사용할 수 없으면 그 이상의 살상능력을 가지고 있다고 하더라도 소용이 없다. 오히려 더 중요한 것은 그 무기를 어떻게 상대방에 쏘아 타격을 가할 수 있을 것인가 하는 운반수단의 문제였다. 그 점에서 미국이 미사일 경쟁에서 뒤지게 되는 것은 냉전에서 미국이 패하는 것을 의미하였다. 그래서 미국은 한때 충격에 빠졌으며 그 결과 소련에 지지 않기 위해 과학기술에 정부예산을 터무니없이 많이 지출하였다. 이에 따라 미국에서는 과학기술붐이 일어났다. 그리고 냉전 상태에서 과학기술경쟁은 우주를 무대로 점점 가속화되었다.

그리고 이는 다른 지역에도 상당한 영향을 미쳤다. 미국이 터무니없이 많은 과학기술 연구개발 예산을 편성하자 세계의 과학자들이 미국으로 두뇌유출되는 현상이 일어났다. 일본은 그중에서 가장 영향을 적게 받은 나라였지만, 그래도 천문학자들이 미국에 초빙되어 한때 도쿄천문대가 공백에 빠지는 현상이 일어났다.

이공계 인력 양성 계획

일본은 우주경쟁에 직접 참여하지는 않았으나 이 무렵 기술도입에 의해 고도성장을 시작하고 있었기 때문에 일본에서도 과학기술붐이 일어났다. 그것은 정부에 의한 연구개발 예산의 증액이라는 형태가 아니라 주로 과학기술 인력 양성이라는 형태로 나타났다.

과학기술붐은 우선 산업계의 요구로부터 시작되었다. 스푸트니크 이전인 1956년 11월에 이미 일본경영자단체 연맹(日本經營者團體聯盟)에서는 「신시대의 요청에 대응하는 기술교육에 관한 의견」을 공표하여 전후 미국식 교육제도의 도입으로 강화된 일반교육보다도 졸업 후 기업에서 곧바로 사용할 수 있는 직업교육을 중시할 것을 요청하였다. 또한 같은 해 책정된 정부의 「신장기 경제 계획」에 따라 이공계 학생을 증가시킬 것을 요구하였다. 같은 취지에서 다음해인 57년 11월 5일에 문부성은 「과학기술자 양성 확충 계획」을 발표하고, 대학의 이공계 학생을 58년부터 60년 사이에 8천 명 증원한다는 계획을 수립하였다. 다시 이 계획은 상향조정되어 60년에 발표된 「국민소득 배증운동」에서는 61년부터 63년까지 2만 명을 증원한다는 계획으로 되었다.

일본의 고등교육계에서는 점령중에 점령군의 명령에 의해 각 현에 하나의 국립대학을 설립하였다. 전후에 경제적으로 피폐한 상황에서 대학 증설이 시대의 요청에 부합하지는 않았으나 점령군의 강권에 의해 어떻게든 실시되었다. 하지만 고도성장기에 대비한 증원 계획은 산업계의 요청에 의한 것이었기 때문에 사회에서의 필요성은 보다 높았으며 문부성은 주로 사립대학의 규모를 늘림으로써 이를 해결하려 하였다. 사립대학은 전쟁전에는 실험 경비가 많이 들어 채산성 측면에서 보면 2~3개의 유명대학 이외에는 이공학부를 유지하기 어려웠다. 하지만 이제는 산업계에서 기부를 받고 정부의 보조금도 얻어 사립대학은 이공학부를 확장할 수 있었다. 이를테면 문부성에서는 56년부터 사립대학 등에 특별보조금(理科特別造成補助金)을 주어 사립대학 이공학부의 학생경비의 절반을 보조하였다. 더욱이 58년에는 사립대학 연구설비 조성 보조금을 만들었다. 이는 1 : 2의 비율로 사립대학측이 1을 출자하면 정부에서 2를 보조하는 것이었다. 이공계 단기대학(우리나라의 전문대학에 해당)에도 59년부터 보조금이 주어졌다.

그 결과 57년에는 전체 대학생 중에 사립대 학생의 비율은 62.3%(이공계는 56.0%)였던 것이 75년에는 78.3%(이공계 71.1%)로 늘어났다.

이 숫자에서 알 수 있듯이 일본이 고도성장을 해 나가는 가운데 일본인의 고학력 지향이 점차 높아졌는데, 이공계가 특별히 많이 증원되었기 때문만은 아니었다. 또한 패전 직후에 태어난 베이비붐 세대가 점차 고등교육에 밀려들어 왔다. 이렇게 하여 산업계가 요망한 증원계획은 거의 달성되었다. 그 자원배분에서는 정부의 보조금도 일부 공헌했으나 대부분은 학생의 부모가 부담하였다. 그래서 그 수익자인 기업들은 필요로 하는 과학기술인력을 별다른 대가를 지불하지 않고 구할 수 있었다.

스푸트니크 이후 미국의 과학계에서는 연구비가 증액되어 과학기술붐이 일어났는데, 일본의 고도성장기 과학기술붐 때는 학생수가 증가되고 대학교수도 증가하였다. 하지만 대우와 연구비가 급증하여 과학기술자 개개인의 생활이 윤택해진 것은 아니었다. 이처럼 최첨단 분야를 연구할 필요가 없었던 것이 고도성장기 과학기술붐의 실태였다.

연구자 양성 대학원

미국의 과학자들은 자신들의 교육제도 중에서 대학원교육을 가장 자랑스럽게 생각하고 있다. 점령기간에 미군도 그 제도를 일본에 도입하려 하였다. 그런데 점령군내에서 민간정보교육국(CIE)은 교육에 관한 모든 것은 자신들의 소관이라고 주장하며, 경제과학국 과학기술과가 초빙한 학술고문단이 과학 연구와 관계 깊은 대학원교육에 손을 대는 것에 강하게 반발하였다. 또한 그들은 그 내용이 자연과학 특히 물리학 연구 지상주의에 의한 것이어서 사회과학과 인문과학이 무시당한다고 강력하게 비난하였다. 게다가 미국을 모방한 6.3 교육제도 개혁의 물결이 소학교에서 대학원에까지 미칠 무렵에는 미국과의 강화가 이루어져 점령군이 철수하게 되었기 때문에 대학원제도까지 충분히 개혁의 손이 뻗치지 못하였다. 이러한 개혁이 일본에서는 충분하게 이루어지지 못하였기 때문에 미국인 연구자 및 미국 대학에서 연구한 경험이 있는 일본인들은 일본 대학의 연구제도가 빈약하다는 평가를 내리고 있다.

전쟁 이전 일본의 구제도에서는 대학원은 별로 구조화되어 있지 않았다. 많은 경우 취업하기 전까지 잠시 기다리는 기관에 지나지 않았다. 하지만 미국의 대학원제도는 박사학위를 취득하기 위한 것으로 학위를 위한 논문뿐만 아니라 잘 짜여진 수업과정이 부과된다. 이것은 유럽의 대학제도에도 없는 것이다.

전쟁 이전에는 일본의 관비유학생은 유럽(주로 독일)에 유학했고 미국 대학을 경험한 과학자는 그리 많지 않았기 때문에 미국 대학원의 내용이 잘 이해되지 않았고, 형식적인 모방에 그쳐 내실이 없었다.

하지만 전후에는 과학자들이 대부분 미국을 방문하게 되었고 미국 대학원의 위력을 아는 사람이 많아졌다. 게다가 이과계 학문은 문과계보다 훨씬 잘 국제화되어 외국을 방문할 때는 박사학위가 없으면 여러 가지 점에서 불리하였기 때문에 이과계에서는 일본의 대학원에서도 과정을 마치면 곧바로 박사학위를 수여하였다. 문과계 대학원이 지금까지도 좀처럼 박사학위를 주지 않는 것과는 상당히 차이가 난다.

전후는 과학이 고도화되었기 때문에 세계 어느곳에서도 연구자를 양성하기 위해서는 이전의 학부만으로는 불충분하여, 미국의 대학원을 모방해 보려는 시도가 나타나게 되었다. 그러한 시도에서는 일본의 대학원이 유럽보다도 제도적으로 일찍 시작하였다고 말할 수 있을 것이다.

그러나 대학원을 나와 석사나 박사학위를 받은 고급 인력에 대한 기업과 사회의 인식은 훨씬 뒤처졌다. 산업계는 고도성장기에 이르러 대졸 과학기술자를 증원하려 하였고 눈앞의 필요를 위해 전문학교 출신의 중급 과학기술자는 구하였지만, 대학원을 나온 고급 과학기술자의 가치는 이해하지 못하였고, 그들을 등용하는 길도 알지 못하였다. 그리고 고도성장기를 거치면서 석사과정을 마친 사람들을 채용하려고 시도하기에 이르렀다. 그러나 그것도 과학기술자의 부족 때문에 기업이 자기 회사의 사원을 대학원에 보내거나 대학원생에게 장학금을 주고 이를 매개로 과정을 마친 이후에 그 기업에 의무적으로 입사하도록 하는 식이었다. 처우는 4년제 대학의 졸업년차에 따라 학사와 대등하게 하는 것이 보통이었다.

4. 관·산·학 연구 구조의 성립

20세기에 들어서 선진공업국에서는 과학기술의 진흥은 사회의 세 분야(정부, 산업, 대학)에서 이루어지게 되었다. 그 사이의 역학관계에서 한 나라의 과학기술의 구조가 결정되는 것이다.

미국과 유럽에서는 19세기부터 대학이 과학 연구의 중심이 되었고 제2차 세계대전 이전까지는 소액의 연구비나 자신의 주머니를 털어 좋아하는 주제를 선택해서 연구한 다음 그 성과를 논문의 형태로 공표·공개하는 '아카데미즘 과학'이 주류였다. 한편 전쟁 이전 미국에서는 기업연구소가 가장 풍족하여 전체 연구비의 70%를 차지하고 있었는데, 전시에 원자폭탄을 만드는 데 성공한 맨해튼 프로젝트(Manhattan Project)의 방식이 모델이 되어 전후 세계에서는 정부의 지출에 의한 거대과학이 미소냉전이라는 환경하에서 주류가 되었다. 정부의 연구소만이 아니라 대학과 기업도 정부의 하청 연구를 수행하였다. 한 나라의 과학기술 연구개발비의 절반 이상은 정부지출에 의한 것이라는 생각이 전후 과학기술계의 상식으로 자리잡았던 것이다.

하지만 일본에서는 사정이 매우 달랐다. 패전 직후는 경제상태가 극히 나빴기 때문에 돈이 들지 않는 유카와 히데키를 중심으로 한 소립자 그룹이나 추상 수학과 같은 '종이와 연필'만으로 가능한 아카데미즘 과학만이 가능하였다. 그리고 고도성장기가 되자 점차 기업이 중앙 연구소를 만들어 연구개발에 집중하였다. 한편 최후에 남은 정부의 과학은 전쟁 이전의 조직을 유지하는 것도 어려워 과학기술을 통해 나라를 부흥시키고자 하는 정책은 어떤 것도 제대로 실현되지 않았다. 그래서 의회의 테크노크라트 의원들에 의해 초당파적으로 과학기술정책이 세워졌고 그 결과 과학기술청이 생겨나게 되었다. 그리고 관(정부)·산·학이 모두 나섬으로써 일본의 과학기술 구조가 완성되었던 것이다.

과학기술청의 설립—국책 프로젝트

전후 의회에서 이공계 출신 의원들로 구성된 과학기술 클럽은 끊임없이 과학기술성 설립안을 제시하였는데 1954년에 나카소네 원자력 예산이 편성되면서 그것을 관리할 관청을 만드는 문제로 구체화되기 시작했다. 처음에는 정부의 과학기술 기능을 전부 한곳에 통합하는 커다란 성(省)을 만든다는 생각이었으나 통산성을 비롯해 문부성, 농림성, 운수성 등 각자가 과학기술 연구소들을 거느리고 있던 기존 정부기관들은 소속 연구소들을 포기하지 않으려 했다. 그 때문에 1956년 5월 과학기술청이 발족할 당시에는 원자력이나 우주개발, 해양개발 등 다른 정부 기관과는 관련이 없는 새로운 국책 연구프로젝트를 담당하는 조그만 기관에 그쳤다. 통산성 소속의 공업기술원도 과학기술청으로 이관되지 않았고 다른 성에 속한 대부분의 연구소들도 그대로 머물러 있었던 것이다. 총리부 소속의 항공기술연구소와 신설된 금속재료연구소만이 과학기술청에 소속되었다.

학술회의는 과학자가 주도한 것이었지만 과학기술청은 정계, 재계의 후원으로 성립되었다. 그와 동시에 STAC(과학기술행정협의회)는 과학기술청 소관이 되었다. 정계와 재계의 후원이 있었기 때문에 나중에 성장하리라 기대하였으나 실제로는 기존 정부기관의 견제를 받아 과학기술청은 충분히 확장되지 못하였다. 이전 세대의 사람들은 전시중의 기획원과 같은 것이 아닌가 하고 경계하였다. 또한 일본학술회의 회원들 특히 민주주의과학자협회 회원들은 과학기술청을 전쟁 당시의 기술원이 부활한 것으로 간주하여 군사적 색채가 있는 위험한 존재로 보았다.

과학기술청에서는 그와 같은 취급에 불만을 가지고 거의 매년 대장성과의 예산절충에서 국가에 과학기술의 중요성을 설득하기도 했고, 자신들이 발생하는 『과학기술백서』에서도 국민들에게 그 점을 역설했다. 그러나 대장성의 반론은 항상 '일본은 군비에 돈을 사용하지 않는다. 정부의 과학기술에 대한 지출은 어느 나라에서도 대부분 방위비이다. 따라서 평화헌법을 가진 일본에서는 정부가 과학기술에 지출할 필요가 없다'는 것이었다.

국가가 과학기술에 지출하는 것은 틀림없이 역사상에서도 대부분 군사비였다. 하지만 과학기술청의 의도는 나라의 위신을 건 거대과학을 국가를 배경으로 하여 시행하려는 것이었다. 원자력이나 우주개발 등 기업이 지출해도 채산성이 맞지 않는 주제에 국책으로 지출하는 것이 과학기술청의 국책프로젝트였다. 그러나 이러한 전후의 거대과학은 냉전하의 군비강화와 맞물려 있는 것이기 때문에 순수하게 국위를 위한 것만은 아니다. 그래서 대장성은 물론 국민들에게도 설득력이 약했고, 국책프로젝트로서의 거대과학은 선진 외국들의 꽁무니만을 쫓게 되었다.

이렇게 주로 국립대학의 과학자가 수행하고 있던 아카데미즘 과학의 연구비는 문부성이 지출하고, 기업이 시행하는 과학기술 연구개발은 통산성이 지원하고, 국책 연구개발은 과학기술청이 담당하는 방식으로 결정되었다. 그것은 산업의 기술개발 예산은 크고, 정부에서 지원받는 기초과학 예산은 빈약한 결과로 나타났고, 기초과학과 기업의 연구개발이 분리되는 구조였다.

과학기술회의의 성립

과학기술청은 반드시 의원들만이 구상한 것으로는 볼 수 없다. 하지만 57년에 스푸트니크호가 발사되어 미국에서는 대통령 과학자문을 설치할 만큼 과학기술붐에 대응한 조치들이 있었고, 일본의 관계와 정계에서도 강력한 과학정책을 시행하지 않으면 안된다는 분위기가 일어났다. 이에 따라 1959년에 과학기술회의가 만들어졌다. 그것은 수상을 의장으로 하여 수상이 회의에 참석하는 위원들을 임명하는 것이었다. 이 때도 일본학술회의는 과학기술회의의 기능이 학술회의와 중복된다는 우려를 표명하면서 반대의견을 제출하였으나 받아들여지지 않았다.

59년 6월 5일에 정부에서 과학기술회의에 대한 자문 제1호 「10년 후를 목표로 한 과학기술진흥의 종합적 방책에 대하여」가 발표되어 60년 10월 4일에 과학기술회의는 제1호 답신을 제출하였다. 그리고 그것은 60년대 고도경제성장기 과학정책의 골자가 되었다.

데모크라시에서 테크노크라시로— 일본형 모델의 단서

이상에서 본 것처럼 과학자 전체가 선거로 뽑은 일본학술회의가 점차 정부로부터 소외되고 정부가 만든 과학기술회의가 대신하여 그 임무를 맡게 되었다. 전후 민주주의의 사상이 풍화되고 점차 정ㆍ재계 주도로 바뀌어 갔다. 이것을 도식적으로 대비시키면 다음과 같다.

전후 민주주의   경제부흥주의

일본학술회의	과학기술회의
교실회의-연구실 민주화	上意下達의 위계 구조
기초과학	과학기술
자주기술	기술도입

5. 국민생활과 민수(民需)

아직 점령중이던 49년부터 『아사히신문』은 1면에 가정만화를 연재하였다. 국민은 그 만화를 통하여 미국의 가정생활이 어떤 것인가를 알았다. 큰 샌드위치나 핫도그는 아직 완전하게 기근에서 해방되지 못했던 국민들로서는 정말로 군침이 흐르는 것이었으나 전기세탁기, 전기냉장고, 텔레비전이 나오는 가정생활은 당시 일본인들로서는 현실과 유리된 꿈같은 것이었다. 전쟁 이전에는 이러한 전기 제품은 일본에서는 아직 1%에도 미치지 못하는 상류계급의 것이었으나 미국에서는 50% 이상 보급되어 있었다.

국민의 절반 이상에게 보급되면 생활스타일에 혁명이 일어난다. 전기냉장고가 대부분의 가정에 보급되면 식품도 그 수요에 맞는 냉동제품이 개발된다. 대부분의 가정에서 자동차를 가지게 되면 자동차혁명이 일어나 모든 제도가 자가용을 가진 사람들을 위해 개발된다. 반면

철도는 이용이 줄고 운전면허가 없는 노인은 점차 시대에 뒤처지게 된다.

일본에서 이러한 생활혁명이 시작된 것은 50년대 후반이며 60년대에는 거의 완성된다. 요컨대 고도성장은 가정에서 전기화에 의한 생활혁명이었던 것이다.

패전 당시 최대의 문제였던 식량난도 품종개량과 화학비료의 도입 등 공업기술의 개량으로 쌀의 생산량이 전쟁 이전의 2배를 웃돌게 되었고 국민은 배고픔에서 해방되었다. 전후는 '칼로리'가 배급미의 영양 단위였으나, 이제 칼로리는 영양학에서 더 이상 고려되는 요소가 아니었고, 비타민, 미네랄 등의 미량 영양소를 중시하게 되었다. 이후 일본은 포식의 시대에 들어섰으나 일본인의 식생활은 60년대가 이상적이었고 이후는 명백하게 칼로리의 섭취과다였다고 말할 수 있다. 농약의 과다 사용과 기계화에 의해 농촌의 노동력이 절약되자 농민은 도시로 나가 고도성장 산업 혹은 그 하청 산업에 참가하게 된다.

고도성장의 결과 격심한 도시화가 일어나자 땅값도 상승하여 집을 아직 장만하지 못한 샐러리맨들은 도심에서 먼 곳에서 붐비는 기차에 몸을 싣고 통근하지 않으면 안되는 시기가 이어졌다. 하지만 석탄에서 석유로 에너지원이 바뀌어 값싼 중동산 석유가 수입되자 60년대를 통해 가정에서는 겨울 난방에 석유스토브를 사용하

게 되었다. 당시까지 화로에 의한 부분난방이 대부분이
던 일본의 가옥도 실내난방을 시작하게 되었던 것이다.

이러한 눈에 띌 정도의 급속한 생활수준의 향상은 전
쟁 이전에는 없었다. 평화와 과학기술 그것이 전후의 번
영을 가져다 주었다고 모든 이가 믿게 되었다. 다만 그
사이에도 공해와 환경 문제는 격화되었다.

3장 과학 우선주의의 전환점(1970년대) :
'轉' 의 위상

1968년에는 서양 여러 나라에 대학개혁의 바람과 반
체제운동이 일어났다. 미국에서는 징병거부와 베트남전
쟁 반대운동이 캠퍼스를 휩쓸어 교실·연구실이 봉쇄되
고 대학에서의 일상적인 연구가 정지되는 사태로까지
발전하였다.

이같은 학생반란의 원인은 각국, 각 지역 나아가 각
대학에서 여러 가지가 있었는데 정보화 시대를 반영하
여 텔레비전을 통해 여러 지역과 계층에 영향을 주어 결
과적으로는 공통의 '68년 문제'로 불리는 일군의 문제가
발생한다. 그것은 대학개혁, 반전운동, 반공해운동이었
으며 또한 학문의 기초를 바로 세우자는 움직임이기도
했다. 이러한 비판운동의 와중에서 테크노크라트의 의
미도 변화하여 부정적인 이미지를 갖게 된다.

1. 반과학과 과학비판

원폭피해를 받은 일본인이 패전 후에 바로 반과학으
로 전환하는 일은 일어나지 않았다. 그것은 전후의 경제
부흥을 위한 일본의 과학기술은 냉전 상태의 외국에서
이루어지던 군사과학과는 다르다고 본 때문이었을 것이
다.

그런데 냉정 속에서 베트남전쟁은 과학기술이 인류의
행복에 공헌하고 있다고는 누구도 생각할 수 없는 상황
으로 전개되었고, 이에 따라 반과학, 과학비판의 움직임
이 생겨났다. 이 과학비판은 베트남전쟁이나 냉전을 일
본인보다 더 가깝게 느끼던 서양에서 보다 심각하게 제
기되어 미국의 로자크가 지은 『대항문화의 사상』(1968)
은 스푸트니크 이래의 과학기술붐 속에서 과학지상주의
에 대항하는 사고방법을 미국의 젊은이들에게 심어 주
었다. 나아가 서양근대과학에 대한 비판, 동양사상의 가
치를 인정하는 등 사상면에서의 재검토 작업도 활발하
게 일어났다. 토마스 쿤(Thomas S. Kuhn)이 제창한 '패러
다임' 이론이 과학론·학문론에만 국한되지 않고 온갖
문제에 대한 사고방식의 전환에까지 폭 넓게 사용되었
다.

반과학이나 과학비판은 이전에 이미 문화계의 지식인
들이 자주 제기한 일은 있었으나 이 때의 과학비판은 과

학기술자 자신에 의해 '과학기술자의 존재 방식'에 대한 심각한 문제 제기가 있었다는 점이 특징이었다. 과학비판은 젊은 세대, 특히 이공학을 전공한 대학생 사이에 혼란을 일으켰다. 일본에서도 공해 · 환경오염이 과학기술에 의한 것이라는 점이 널리 알려져 "이대로 나아가도 좋은가" 또는 "과학기술 나아가 올바른 학문이란 무엇인가" 하는 등의 질문이 나타나게 되었다.

과학기술 신화의 붕괴

그때까지 일본의 젊은이들은 고교생일 때는 과학기술은 일본의 경제부흥 나아가 인류의 진보를 위한 것으로 교육을 받아왔다. 하지만 대학에 들어가 반공해운동의 흐름과 접촉하여 '과학기술은 인류의 적일지도 모른다'는 이전과는 전혀 반대되는 입장에서 생각을 하게 됨으로써 매우 혼란스러운 상태에 빠지게 되었다. 고교 시절에 과학기술이 인류에 공헌하는 것으로 배워 무엇인가 사명감을 가지고 과학기술 관련 직업을 선택한 사람들에게 과학기술에 대한 신랄한 비판은 마음을 무겁게 하는 것이었다.

당시까지 '민주주의과학자협회'의 활동가들뿐만 아니라 대부분의 과학자들은 과학 연구자로서 자신들의 일은 주위의 사람들에게 은혜를 베푸는 것으로 다른 어떤 직업보다도 훌륭하다고 생각하고 있었으며, 과학기술이라는 전문직업 자체의 존재이유를 묻는다는 것은 생각하지 않았다. 말하자면 과학자는 성직자와 같은 존재로 간주되었던 것이다.

그런데 이 과학비판의 분위기에 접촉한 이후 이제는 지금까지 통용되던 과학기술의 발전을 절대시하여 오로지 고도성장 · 진보의 노선만을 따라가자는 주장은 사라졌다. 이미 고도성장을 달성한 젊은 세대의 일본인 사이에서는 패전 직후 세대와 같이 과학기술에 의한 경제부흥이라는 슬로건은 통용되지 않았다. 과학기술은 이제는 무조건 받아들일 만한 것은 아니었고, 그것은 항상 양날의 칼이었다. 언제 어떤 때에도 과학기술자 자신이 자신들이 하는 일에 대해 자기점검을 해야만 한다는 경계의 목소리가 과학계 전체에 받아들여지게 되었다. 과학기술 신화가 붕괴된 것이다.

가라키 준조(唐木順三)가 추구한 것

일반적으로 인문사회계 지식인들은 자연과학에 대해서는 자신들이 이해하지 못하기 때문에 발언을 삼가고 있다. 개중에는 원자력이나 우주과학이 시대를 변화시킨 것으로 생각하여 무비판적으로 받아들이는 평론가도 있었다.

하지만 문예평론가 가라키 준조는 이미 57년 무렵부터 잡지에 실은 글들을 포함하여 오랫동안의 물음들을 죽을 무렵 유언의 형태로 발표하였다. 그것이 『메모, '과학자의 사회적 책임에 대해'』(筑摩書房, 1980)이다. 원자폭탄은 물리학자의 머리에서 나왔다. 그 후 인류는 원자폭탄과 수소폭탄의 공포에 떨게 되었다. 그것을 만들어낸 '물리학자들은 그 사회적 책임을 회피하는가'라고 가라키는 개탄하였다.

과학자는 저마다 전문 분야를 가지고 있고 누구도 원폭제조의 책임을 가지고 있는 것은 아니다. 그러나 외부에서는 과학자들이 연대책임을 져야만 한다고 끝내 추궁한다. 과학자들은 이러한 주장은 과학을 제대로 이해하지 못한 인문사회계 사람들이 과학에 대해 오해한 데서 비롯된 편견으로 보지만 일반인들 중에는 가라키의 발언에 동의하는 사람들이 많다는 것도 틀림없는 사실이다.

가라키는 또한 유카와 히데키 등의 교토 과학자회의 운동에 주목하였으나, 유카와가 아인슈타인의 「러셀·아인슈타인 선언」을 지지하는 것에서 나타나는 것처럼 평화 앞에서는 과학까지도 버릴 수 있는 태도까지 나아가지 못했다고 보았다. 즉 그는 유카와를 비롯한 과학자들이 아직도 '진리를 위해 진리를 추구한다는 근대물리학의 정신'을 버리지 않고 있기 때문에 반성이 충분하지 않다고 비판했다. 특히 전후 민주주의 시대에 과학자의 대변자인 유카와가 패전 5개월 후인 1946년 초에 발언한 '원폭은 반파쇼 과학자들이 일본 군국주의의 야만에 내린 철퇴였다'와 같은 말을 훨씬 이후에 다른 곳에 또 다시 싣고 있다는 점을 문제삼았다.

가라키의 제언에 대해 병석에 있던 유카와는 답하지 않았으나 같은 물리학자인 다케타니 미쓰오(武谷三男)는 평화운동도 하지 않은 가라키에게는 문제가 없는가라고 역으로 비판하였다.

다케타니에게는 물리학자로서 강렬한 엘리트 의식이 있었다. 유카와도 동시대 인물로서 같은 생각을 하였을 것이다. 다만 이 문제는 이후 세대들에게는 중요한 문제로 인식되어 '물리학자의 사회적 책임을 생각하는' 모임이 물리학회 내에도 생겨 매년 모임을 가져 오늘에 이르고 있다. 이 회의 활동은 유카와, 다케타니 세대까지 과학자 사이에 통용되던 과학지상주의·연구지상주의가 이후 세대에서는 붕괴되고 있다는 것을 잘 보여 준다.

전공투의 대학 해체론

전후 전국대학을 뒤흔들었던 학생운동은 두 번이었다. 60년의 안보투쟁과 68년 이후의 학원투쟁이 그것이다. 전자는 대학 밖으로는 국회에 데모를 하는 등 정권을 뒤흔든 정치투쟁이었는데 대학 내에서는 학생과 교수는 협동·협조관계였다. 한편 68년 이후의 학원투쟁은 특히 전공투(全學共鬪會議)가 제출한 학문 '바로 세우기'를 포함하여 대학 내에서의 내분으로 이어졌다.

학생들에 의한 대학 건물 봉쇄 때문에 대학은 교육은 물론 연구기능도 일시 정지되었다. 그 때문에 대학 내의 과학자들 중에는 지금까지의 통상과학적 · 일상적 연구를 포기하고 학생들이 제기한 문제들에 대응하기 위해 과학론, 기술론을 다루는 사람도 있었다. 69년에는 도쿄대학과 도쿄교육대학이 입학시험을 치르지 못했고, 학생을 선발하지 못하는 심각한 사태가 일어났다.

대학원생과 젊은 연구자들은 전후 민주주의 시대의 연구실 민주화를 다시 요구하였고, 특히 이러한 움직임은 이전에 아직 민주화가 이루어지지 않았던 봉건적 위계질서가 강한 의학부 · 농학부 계열에서 왕성하였다. 그러나 섹트(sect)라 불린 학생운동가의 정치적 주장과는 달리, 문제를 비정치적이지만 뿌리에서부터 철저하게 되묻는다는 의미에서 '난섹트 래디컬(non-sect radical)'로 불린 젊은 연구자들은 근대 과학이 만들어 온 역할을 탄핵하고, 이 문제를 깊이 파고들어 교수회 해체, 의국 해체 그리고 대학 해체라는 슬로건까지 내걸었다. 그러한 생각은 세계를 뒤덮고 있던 과학기술 신화가 붕괴되기 시작했다는 점을 나타내는 것이기도 하며 일본에서 과학기술 신화가 붕괴되는 하나의 요인이 되기도 했다.

대학개혁의 실패와 빈곤화

학원투쟁의 에너지를 배경으로 하여 거의 모든 대학에서 대학개혁위원회가 설치되어 젊은이들의 요구에 부응하는 듯한 엄청난 수의 급진적 개혁안들이 제출되었다. 그러나 대학을 점거한 학생운동이 정부의 기동대 투입에 의해 좌절되고 에너지를 잃게 되면서 대학 개혁안은 거의 대부분 실행되지 못한 채 병풍 속으로 사라지고 말았다. 문부성이라는 권력이 존재하지 않는 미국의 대학에서는 각 대학이 자주개혁을 이루어 새로운 커리큘럼이 도입되기도 하고 여성의 지위가 향상되기도 하였다. 하지만 일본에서는 특히 국립대학은 문부성의 관리하에 있었기 때문에 자주적인 개혁이 생각대로 이루어지지 않았고, 분쟁의 결과 대학의 물리적인 피해는 컸다. 또한 개혁안의 수는 많았으나 구미에 비해 개혁의 흔적은 남지 않았다. 다만 도쿄교육대학을 이전한 쓰쿠바대학은 문부성이 지원하여 보다 근대적인 구성으로 관리 체제를 강화한 신구상대학(新構想大學)이 되었다.

일본 국립대학의 부설연구소는 연구자들이 교육의 의무에서 해방되고 나아가 연구 주제를 자유롭게 선택할 수 있는 대학인의 권리를 가진 이상적인 구조를 가진 독특한 존재였는데, 전후 연구자들의 요구로 한 대학의 경계를 뛰어넘는 공동 이용 연구소의 방향으로 발전하고 있었다. 그러나 연구의 거대화와 더불어 대학의 규모를 넘는 예산이 필요하게 되었고, 이에 문부성은 대학에 관리능력이 없다고 판단하여 71년부터 성립된 문부성 직할의 '국립대학공동이용기관'에 힘을 실어 주었다. 그 결과 많은 연구자들이 대학의 자유가 상실될지도 모른다는 우려를 했으나 80년대에는 우주항공연구소나 도쿄천문대가 대학을 떠나 문부성 직할로 옮겨 갔다.

또한 일본 대학에서의 연구는 군사 연구뿐만 아니라 산업과도 거리를 두었다. 한편 학원투쟁으로 학생운동은 산학협동에 반대하였고, 그 후유증으로 공학부와 기업의 공동 연구가 어렵게 되었다. 대학의 연구설비는 기업과 비교해 볼 때 열악한 것이었고 그 차이는 점점 더 벌어졌다. 또한 일본 산업계는 일본보다 미국 대학에 더 많은 연구자금을 지원하였다.

70년대의 오일쇼크에 이은 저성장 시대에 정부는 예산을 집중하여 원자력과 우주 등 거대과학에 투자하였고 기초과학에서도 문부성 직할의 공동이용기관에 집중 투자한 반면 대학의 연구는 더욱 열악해졌다.

2. 공해 문제

일본은 미국처럼 베트남전쟁 참전 문제가 있었던 것은 아니다. 또한 프랑스의 '5월 혁명'과 같이 노동자를

휩쓸리게 한 사회변동도 없었다. 학생운동은 대학 주변
에 머물렀고, 직접적으로 정부나 산업사회에 강한 영향
력을 행사했다고는 말하기 어렵다.

그러나 과학기술에 대한 견해는 서양과 동일하게 하
나의 전환기를 형성한다. 사회 문제로서는 60년대 고도
성장 시대에 진행되고 있던 공해가 성장 속도에 비례하
여, 또한 주거공간이 협소하므로 다른 서양 선진국들보
다 일본에서 먼저 표면화되었다. 그래서 군사 연구에 대
한 반대 논의보다도 공해에 반대하는 방향으로 운동은
접점을 이루었다. 미나마타병 등은 국제적으로도 전형
적인 공해 문제로서 유명해졌다.

과학기술에 의한 공해

공해는 산업사회에 수반되는 것이기 때문에 일본에도
전쟁 이전부터 존재했다. 제철소가 있는 가마이시(釜石)
나 야하타(八幡)에서 볼 수 있는 것처럼 금속정련에 수반
되는 수질오염, 철과 동을 생산하면서 배출되는 분진과
매연 등의 대기오염은 이미 전쟁 이전부터 사회 문제였
다. 다만 전후 고도성장 시대에 규모가 확대되면서 이전
에는 직장 주변에만 한정되어 있던 것들이 확대되어 주
변환경을 오염시키자 공해로서 일반 주민의 문제로까지
확대되었던 것이다. 더욱이 전후에는 지금까지 알려지
지 않았던 과학기술에서 유래된 공해가 새롭게 나타났

다. 농약오염, 방사능오염 등이 그것이다.

과학기술은 일반적으로 사회의 '제한된 범위에서 이익'을 꾀하기 위해 등장한 것이다. 그 외부의 사회에 어떤 영향을 주는가는 생각하지 않고 성립된 것이다. 예를 들어 자동차 기술은 우선 그 생산성과 이용자의 이익에 대해서만 생각한다. 다만 그 기술이 수익공간 이외의 외부사회에 주는 불이익·영향의 규모가 점차 커지면서 외부의 사회가 이러한 피해를 견딜 수 없게 되었을 때 공해라는 사회 문제가 제기된다. 우선 교통사고에 의해 자동차 운전이 불가능한 노인과 아이들이 희생당한다. 나아가 도로의 혼잡에 따른 도시공해, 배기가스에 의한 대기오염에 모든 사람들이 고통을 당하게 되는 것이다.

수익자를 위한 과학기술이 우선 개발되어 빛이 있으면 어둠도 존재하듯이 비수익자에 대한 공해가 발생해도 그것에 대응하는 과학기술의 개발은 무시되든가 대책이 뒤떨어진다. 특히 새로운 과학기술에 의해 일어난 환경 문제는 그 발견과 입증까지 시간이 걸린다. 예를 들어 오랫동안 제초제로 사용되어 온 다이옥신이 맹독으로 발작성(發作性)과 최기성(催奇性)을 가지고 있다는 사실이 알려진 것은 71년의 일이었다.

과학기술자는 일반 시민과 과학기술의 수익자 사이의 매개체로 존재한다. 하지만 과학자들은 주된 수익자인 관·산·학 부분의 테크노크라시 체제에 고용되거나 그

일부를 이룬다. 반면 과학기술의 발전에 의한 직접이익을 얻지 못하는 시민층(비수익자 일반)에게 서비스하는 과학기술자를 고용하는 조직은 없다. 이들 사이의 관계가 어떤가에 의해 한 나라, 한 지방자치 단체의 환경정책이 결정되며 피해의 양ㆍ질ㆍ시간의 길이가 결정되는 것이다.

일본에서 매스컴에 의해 반공해 캠페인이 전개된 것은 1970년부터였지만 물론 이러한 종류의 과학기술에 의한 공해는 70년대 이전으로 거슬러 올라간다. 미나마타병도 50년대에 이미 발견되어 있었다. 다만 인과관계가 과학적으로 입증되어 있지 않았던 것이다. 그 사이에 과학자가 개입하여 처음에는 과학기술의 객관성으로 포장하면서 테크노크라시 체제의 입장을 대변하고 있었다. 하지만 사태가 더욱 악화되자 과학자들도 시민들의 사회 문제 캠페인에 동참하였고 결국 70년대 이후 흐름이 변화되었다.

또한 예를 들어 DDT도 패전 직후 국민 전반이 비위생적인 상태에 있을 때 점령군에 의해 도입되어 외지에서 들어온 사람이나 내지 거류민도 역이나 길거리에서 DDT를 머리에 끼얹기도 했던 것이다. 그 무렵은 DDT는 위생상 커다란 효과를 얻는다'고 되어 있었다. 그래서 47년부터 일본에서도 일본소다가 생산을 시작했던 것이다.

그러나 이미 40년대 말부터 생체 내에 들어가면 분해되지 않고 체내에 축적되어 농축된다는 사실이 보고되고 있었다. 하지만 일본에서 농약, 살충제로서 그 판매가 금지된 것은 71년에 이르러서였다. 제조, 판매, 사용이 전면적으로 금지된 것은 81년의 일이다. 그 동안 미국에서는 62년에 레이첼 카슨이 『침묵의 봄』을 발간하여 농약의 남용이 생태학적 위기를 초래한다고 경고하였고, 64년에는 DDT 등의 농약에 대한 관리가 시작되었다. 같은 해 미일과학위원회에서도 농약 사용 제한이 문제가 되었다. 다만 일본에서 그 사용 제한 조치가 현실화된 것은 반공해운동이 일어난 70년대 이후의 일이었다. 만약 그대로 고도성장과 공해 확대가 진행되었다고 생각하면 끔찍한 생각이 든다.

정책결정의 역류

1950년대 말에 고도성장을 맞이하게 되었을 때 과학기술인력 부족을 예견하고 정부에 그에 대한 대응을 요구한 것은 산업계였다. 그러한 의도는 문부성에서 각 대학으로 전해져 이공계 증원으로 이어졌고 수험생들에게 영향을 주었다. 산→관→학→민이 정책결정의 흐름이었다.

그것이 1970년대 초에는 공해와 관련되어 흐름이 뒤바뀌었다. 하나의 전형적인 사례를 살펴보자. 우선 공해에 고통을 당한 지역주민이 있다고 하자. 이러한 지역주민의 고통은 그들을 독자로 하는 지방 신문이 취급하게 되고, 동시에 그 지역의 대학과 지방자치단체의 공해 연구소에서 근무하던 과학자들 중에는 주민의 입장에서 조사를 진행하는 사람도 나오게 된다. 70년대 말에는 공해관계법의 개정·정비를 목표로 한 임시국회, 즉 '공해국회'가 성립되어 결국 71년 7월 1일에 환경청이 발족한다. 같은 해 8월 7일 오이시 다케이치(大石武一) 환경청 장관은 미나마타병을 인정할 것을 명했는데, 그 결과 72년에는 긴 투쟁 끝에 일본질소비료주식회사는 환자에게 배상금을 지불하게 되었다. 이같은 경우에 전체가 따랐던 것은 아니지만, 크게 보아 정책결정의 흐름이 민→학→관→산으로 역전되어 온 것은 확실하다. 이때까지 기업을 과보호하여 성공한 전후 일본의 고도성장의 체질이 반성을 강요받게 된 것이다.

또한 기업활동에 의한 공해가 특정 지역에 발생하면 주민들과 밀착된 지방신문, 지방자치단체는 이를 문제삼고 마지막에는 중앙정부에도 파급된다. 따라서 지방자치단체의 공해연구소가 환경청의 공해연구소보다 민감하게 문제를 재빨리 제기하였다. 고도성장 시대의 중앙에서 지방으로라는 흐름도 역류하고 있었던 것이다.

일시적이나마 이러한 역류에 힘입어 공해의 그러한 진행을 저지 혹은 감속시키는 데 성공했다. 기업의 반대를 무릅쓰고 환경청이 강행한 자동차 배기가스 규제는 결과적으로 세계에서 가장 뛰어난 기술을 가진 일본 자동차를 만드는 데 공헌하였다.

이 역전현상은 73년의 오일쇼크 이래 다시 기업과 통산성 주도로 역전되기는 했으나 과거로 돌아간 것은 아니었고, 그 사이에 산업 구조의 전환이 이루어졌다.

자동차 만드는 데 공헌한 환경인식

일본의 자동차 생산은 전쟁 이전으로 거슬러 올라가지만 대량생산에서는 미국의 포드(Ford)나 제너럴 모터스(GM)의 상대는 되지 못했고 다만 군의 보호하에 트럭을 생산하는 정도에 지나지 않았다. 그러한 상태에서 1950년에 시작된 한국전쟁 특수는 일본에게는 하늘이 내린 기회였다. 일본의 자동차 메이커들은 미군으로부터 트럭을 대량으로 발주받고 성장의 길을 걷기 시작했다. 일본 자동차 산업은 그 후 트럭뿐만 아니라 승용차에도 손을 뻗쳐 착실하게 그 영역을 넓히기 시작했다. 그 배경에 통산성의 두터운 보호가 있었던 것은 물론이다.

그러나 공해 문제가 심각하게 되고 오일쇼크가 닥친 70년대는 세계적으로 자동차 산업의 겨울로 이야기된다. 하지만 일본은 그 반대로 세계시장에 적극적으로 진출한 시대이다. 미국에서는 1970년에 자동차 배기가스의 유독물질을 억제하는 것을 골자로 하는 「마스키법」
이 성립되었다. 1971년에 발족한 일본 환경청에서는 그
의지가 높았던 초기에 미국에서 실현되지 않았던 마스
키법을 충실하게 이행할 것을 기업들에 요구하였다. 기
업은 저항했지만 결국 기술진들로서는 새로운 목표가
부여된 셈이었고 가장 먼저 기준을 달성하여 세계를 놀
라게 하였다.

또한 일본에서는 도로사정이 빈약했기 때문에 이에
적당한 소형자동차를 만들고 있었다. 그런데 1973년의
오일쇼크는 소형자동차의 세계적 붐을 이루어 많은 일
본차가 해외로 진출하는 계기가 되었다.

이같은 고유가(高油價) 시대는 일본의 국제시장 진출
에는 행운이었고, 80년대에는 승용차 생산에서 일본이
미국을 앞지르게 되었다.

어세스먼트(평가)

산업정책의 전환을 촉구하는 여론 속에서 겉으로는
나타나지 않았지만 통산성과 과학기술청이 일시적으로
방향을 잃고 혼란에 빠진 적이 있었다. 그리고 그와 동
시에 새로운 상황에 대응하기 위해 나온 것이 '테크노
어세스먼트(techno assessment, 技術評價)' 혹은 그것을 포
함한 보다 넓은 개념을 가진 '소프트 사이언스(soft
science)'이다.

테크노 어세스먼트는 67년 무렵부터 미국에서 나온 말로 '신기술의 급격한 발전에 따라 일어나는 환경이나 일반 사회에 대한 부정적 요인을 사전에 예측하여 빨리 대처하자'는 것이다. 68년에는 미국 의회에 기술평가국(Department of Technology Assessment)이 만들어져 과학기술 계획을 예측·평가하며 오늘에 이르고 있다.

일본의 '과학기술과 경제회'에서는 69년에 '미국 산업 예측 특별 조사단'을 미국에 파견하였는데 당시 방문한 모든 곳에서 테크노 어세스먼트란 말을 사용하는 것에 깊은 인상을 받았다. 이러한 생각은 1971년 과학기술회의의 답신 「1970년대 종합적 과학기술정책의 기본에 대해」에서 다루어지고 있다. 60년대에 나온 「고도성장을 권장함」과 같은 1호 답신과 완전히 다르게 과학기술의 진보를 사회와 어떻게 하면 조화시킬 수 있을까 하는 점에 깊은 관심을 보인 것이다.

그 답신을 받고 각 부처에서는 지금까지의 하드한 연구개발 노선과는 달리 보다 소프트한 것을 소프트 사이언스라 부르고 '복잡한 사회·경제현상에 대한 과학적·종합적 분석 및 설명'을 시작했다. 또한 통산성은 원자력 이용이나 제철 등에, 과학기술청은 농약과 고층건축물 등을 상대로 '테크놀러지 어세스먼트 프로젝트'를 실시하였다.

통산성은 71년에 지금부터 일본이 나아갈 방향은 '성

장 추구형'에서 '성장 활용형'으로 이행하는 것이라고 선언했다. 그리고 산업기술정책으로 산업기술의 무공해화, 지식집약화를 주장했다.

테크놀러지 어세스먼트란 말은 80년대가 되면 사용되지 않지만 '환경 어세스먼트'란 말은 '환경영향평가'로 번역되어 남아 있다. 70년대 전반 공해 재판에서 정부나 기업이 패소하면 지금까지의 공업유치를 중심으로 한 지역개발에는 공해기준이 적용되지 않았다는 점이 지적되어 지방자치단체의 지역개발, 공익·공공사업에는 사전에 개발 환경에 대한 영향을 충분히 조사하는 환경평가가 필요했다. 72년 오이시 환경청장관 시대에 환경평가가 각의의 의제가 되었고, 75년 2월 23일 중앙공해대책심의회의 '환경영향평가제도 전문위원회'는 「환경영향평가제도의 바람직한 모습에 대하여」라는 보고서를 제출하였다. 그리고 미키(三木)내각에서 그것을 법제화하면서 환경행정이 중요하게 되었다. 그러나 법률화에 대한 산업계의 완강한 저항에 부딪혀 81년에 제출된 환경청의 제안도 결국 폐기되고 말았다. 다만 지방자치단체 수준에서는 조례 등에 환경평가를 포함시키는 경우가 많아지게 되었다.

3. 오일쇼크 이후

1973년 10월 6일 제4차 중동전쟁이 발발하자 10월 17일 페르시아만 연안의 아랍석유수출기구(OPEC)의 6개 가맹국은 원유의 공시가격을 새롭게 결정하고 같은 해 10월 1일의 가격보다 무려 70%를 인상하였다. 이것이 제1차 석유위기의 시작이었다. 더욱이 2개월 후에는 석유가격이 4배로 껑충뛰었다.

일본의 산업과 에너지 수요는 거의가 중동에서 수입되는 석유에 의존하고 있었기 때문에 세계에서 가장 큰 영향을 받아 '광란의 물가' 라는 인플레이션이 일어났다. 그리고 74년에는 일본 경제의 실질 경제 성장률은 전후 처음으로 마이너스를 기록하였다. 일본은 그 다음해에 재빨리 오일쇼크에서 벗어났으나 그 이후는 연 성장률 3~5%의 저성장 시대로 접어들었다.

대학은 68년이 위기였으나 일본의 산업계로서는 73년이 정말로 큰 위기였다. 이에 따라 산업 구조의 변혁을 진지하게 생각하지 않을 수 없게 되었다. 우선 경제위기를 극복한다는 구실로 통산성이나 산업계는 공해기준의 완화를 요구하여 환경행정은 정체하였고 그 대신에 새로운 에너지 전략이 요구되었다.

에너지 대책

일본의 고도성장은 에너지 수요를 수입에 의존하면서 이룩하여 왔다. 60년의 에너지 수급계산에 의하면 70년대는 45%, 80년대는 66%가 수입에 의존할 것이라고 추정했다. 하지만 실제로는 에너지 다량소비형 대형공장에 의해 고도성장을 했기 때문에 이 계산은 더욱 상향조정되어야만 했다. 오일쇼크 무렵에는 70%를 수입석유에 의존하고 있었다.

그러한 상황에서 갑작스럽게 다가온 오일쇼크에 대응하기 위해 통산성에서는 석유를 대신할 대체에너지원을 찾았다. 당시로서는 우선 유용한 것은 원자력, 천연가스, 석탄, 수력이었으나 환경 문제가 심했던 당시 생태학자들이 지향하던 깨끗한 에너지로서 자연에너지도 고려의 대상이었다. 73년 12월 18일 산업기술심의회는 「신에너지기술의 연구개발 추진방법에 대하여」를 제언하고 통산성 공업기술원에서는 신에너지기술 연구개발을 「선샤인 계획」으로 발표, 74년 7월부터 실시하였다. 이것은 78년부터 실시된 통산성 에너지 기술 연구개발의 「문라이트 계획」과 함께 사람들의 기억 속에 오래 남아 있는 통산성의 에너지 프로젝트이다.

선샤인 계획은 태양열에너지, 지열에너지, 석탄에너지(액화, 가스화), 수소에너지, 풍력 · 해양에너지 등 새로운 에너지 연구개발을 다루었다. 문라이트 계획은 우연

126

하게도 제2차 오일쇼크와 그 시기를 같이한다. 이 계획이 발족된 2개월 후에 이란 내전에 의한 석유수출 전면정지, 그 해 12월 16, 17일에 열린 OPEC 아부다비 총회에서 원유가격의 4단계 인상안이 가결되어 제2차 오일쇼크가 일어났다. 그래서 일본에서는 80년에 「석유대체에너지 개발 및 도입촉진에 관한 법률」이 나와 그 계획들은 비약적으로 확대되었다.

그 성과는 직접적으로는 지열발전 등에 부분적으로 나타났지만 이러한 대체에너지는 석유가격의 인상에 의해 처음으로 경제성을 갖게 된 것이었기 때문에 석유가 낮은 가격으로 안정적으로 공급이 이루어지면 애써 개발해도 이용되지 않고 결국에는 교체되어 버린다. 어쨌든 통산성 공업기술원은 70년대 초에는 반공해운동의 영향으로 한때 연구개발 방향을 잃은 감이 있으나 대체에너지에서 중점 연구과제를 찾아낸 것으로 볼 수 있다. 더욱이 80년대 후반의 초전도체 열풍으로 88년에는 초전도 전력 응용기술 프로젝트를 통산성 에너지기술 연구개발 제도의 일환으로 발족시켰다.

원자력에 대한 공방

에너지는 통산성 관할이지만 원자력은 과학기술청이 담당하고 있었기 때문에 대체에너지 연구개발 프로젝트에 포함되지 않았다. 하지만 사업으로서 원자력발전은 역시 통산성 관할이다.

원자력 발전 비용은 계산하기 어렵다. 아니 사실은 불가능하다. 방사능 누출 등의 사고는 별도로 하고, 언젠가는 원자로를 폐쇄해야 하고 폐기물 처리도 그것이 영구적으로 가능한가 하는 문제는 계산 방법에 따라 비용이 천차만별이 된다. 즉 아직까지 기술이 확실하지는 않기 때문에 기업이 정확하게 채산성을 맞추는 것은 힘들다. 그러나 오일쇼크로 석유 가격이 올라가면 상대적으로 원자력 발전 비용이 유리하게 되는 것은 분명하다.

그런데 원자력 발전은 계획에서 발전에 이르기까지 10년 정도의 기간이 소요되기 때문에 눈앞의 에너지 수요에 그때그때 대처할 수 없다. 오히려 오일쇼크 직후의 인플레이션으로 건설비는 올라가고 원전 건설계획은 연기되었다.

미국에서는 오일쇼크 이후 건설비의 상승으로 원자력 발전소의 신규 건설은 채산성이 맞지 않게 되었다. 게다가 70년대에 왕성했던 과학비판, 반공해운동, 생태주의 운동은 원전의 안전기준 강화를 요청하였다. 그것에 부합하도록 설계를 변경하면 그것만으로도 비용이 올라간다. 군소 전력회사로서는 결국 새로운 원전건설계획을 중지하는 것이 이득이었다.

일본에서도 마찬가지였다. 그러나 일본의 원자력 발전 사업은 사실상 민간기업의 사업이라기보다는 국책

프로젝트였다. 일본의 국가예산은 매년 증가하였다. 실제로 전후 국가의 연구개발 예산은 미국, 영국, 프랑스에서는 당시 정부의 정책에 의해 적당하게 조정되었으나 항상 일정 비율로 증가해 온 것은 일본과 서독뿐이었다. 그 자체만 두고 보면 일본과 서독의 경제가 안정적으로 성장하고 있었다고도 말할 수 있겠다. 오일쇼크 때에도 민간 기업의 연구개발비는 그 해에만 감소하였으나 정부예산은 인플레로 정확히 말하기는 어렵지만 변하지 않고 계속 증가해 왔다. 반대로 말하면 일단 증가노선을 걷기 시작한 연구개발 계획은 더 이상 되돌릴 수 없었다.

그러한 구조 위에서 오일쇼크 이후에는 대체에너지 개발·이용촉진이라는 국가 시책과 그것을 구체화하기 위한 원자력 개발 및 이용계획 등이 중심이 되었다. 통산성은 강력한 행정지도를 계획하여 이를 적극 추진했다. 일본의 전력사업은 대략 8개 회사에 분할되어 있었는데 지역 독점 공기업 같은 존재였기 때문에 행정지도를 쉽게 할 수 있었다. 그리고 그 지도 아래에 연간 2기 규모로 원전이 착실하게 증설되었다. 그리고 원자력을 담당하고 있던 과학기술청을 대신하여 통산성이 78년부터 원자력 발전에 관한 감독관청이 되었다.

이렇게 하여 지역주민의 원전유치 반대운동에도 불구하고 78년 이카타(伊方) 원자력 발전소 건설에 관한 재판에서 주민측이 패소하였다. 또한 79년 3월 28일의 미국 스리마일섬에서 원전사고가 나자 원자력 발전의 안전성에 대한 세계적인 불안에도 개의치 않고 정부는 "일본의 높은 기술로는 사고가 일어나지 않는다"라고 주장하면서 계획을 착실하게 수행했다.

일찍이 STS(과학기술과 사회) 연구자들은 원자력 발전 선진국인 미국 · 독일 · 프랑스 · 일본에서 원자력의 사회적 수용 과정에 대해 국제적 평가를 내리는 공동 연구를 수행하였다. 그 프로젝트에서 원자력 공학자 출신인 미국 MIT의 연구자가 일본과 독일을 비교하고 원전 관계자와 가진 많은 인터뷰를 통해 연구결과를 내놓았다. 그것에 의하면 일본은 기밀조치가 매우 엄격하다는 것이 특징이다. 관계자는 좀처럼 입을 열지 않고, 어렵게 입을 연다고 하더라도 자신의 이름을 밝히지는 않는다고 한다.

일본에서는 원자력은 '절대 안전'이라는 기본적인 사고 방식에 입각하여 원자로 건설과 그 관리가 행해지고 있다. 원자로와 같은 복잡한 메커니즘을 가진 기술체계는 작은 사고는 항상 일어난다. 하지만 일본 정부는 자신들의 기본 입장 때문에 외부에 대해 사고를 인정하지 않는다. 설사 인정해도 공표하지는 않는다. 공표하면 반대운동이 일어날 것을 두려워하기 때문이다. 이에 반해 독일과 미국에서는 원자력 기술은 불완전하고 다른 기술과 마찬가지로 공표하여 기술을 개량해 나간다는 생각에 입각해 있기 때문에 보다 건전한 발전이 이루어지고 있다고 평가된다.

경박단소(輕薄短小)를 지향하는 산업 구조

오일쇼크에서 벗어나기 위해 여러 과학기술 연구개발 계획이 있었지만 실제로 일본의 산업계가 회복한 것은 통산성의 에너지대책의 추진과 산업 구조의 전환 때문이었다. 이 둘은 표리일체(表裏一體)가 되는 것이다.

즉 그 때까지 철강이나 알루미늄 같은 에너지 다소비형 기초소재 산업을 대체하여 에너지 소비가 적은 자동차 같은 가공조립 산업과 극소전자공학 · 전자 산업으로 산업 구조가 이행되었다. 이를 흔히 중후장대(重厚長大)에서 경박단소(輕薄短小)로의 이행이라 부른다. 또한 기계공업과 전자공학을 결합한 '메카트로닉스'(공작기계의 전자제어화)라는 일본에서 만든 영어가 유행하였다.

자동차와 전자 산업은 원래 미국형 산업이다. 그것은 노동절약형으로 기술적으로 가장 앞선 선진국 산업이다. 섬유, 조선 등 전후 일본이 일어설 때 중요했던 보다 노동집약적인 종래 산업에서는 당시 아시아 주변국들의 추격을 받았기 때문에 일본의 산업 구조 조정은 필연적인 선택이었다고 말할 수 있다. 그리고 자동차와 전자 산업의 성공은 유럽을 추월하여 미국에 접근하고 어떤 의미에서는 첨단기술 분야에서 미국을 앞선 일본의 기술력을 보여 주는 일이었다.

이러한 구조변화가 완료된 80년대 전반에 일본 산업에서는 탈석유가 급속하게 진전되었다. 그것은 통산성 예측을 훨씬 뛰어넘는 것이었으므로 원자력 에너지개발의 이유가 없어지는 곤란한 상황으로까지 이어졌다. 신에너지개발도 의미가 없어지게 되었다.

여하튼 일본은 산업 구조의 변혁을 세계에서 선구적으로 추진해 나갔으며, 그 결과 80년대에는 첨단기술로 세계의 최선두에 서게 되었고, '첨단기술의 일본'으로 주목받았다.

하지만 산업 구조 전환의 성공은 일본이라는 한정된 국가적 시점에서 본 것이며, 이것을 세계적 관점에서 보면 종래의 에너지 다소비형 산업을 다른 나라 혹은 주변국에 '이전'했다는 것에 불과하다. 따라서 세계적으로는 문제의 궁극적 해결이 아니라는 점을 지적할 수 있다.

극소전자공학(마이크로 일렉트로닉스) 혁명

경박단소 노선의 전형은 통산성의 지도하에 가장 강력하게 전개된 극소전자공학 개발관계이다. 70년대 초 통산성은 '이제부터는 기존 산업은 아시아 제국에서 따라오기 때문에 일본의 산업기술의 방향은 미국형인 고도의 지식집약형 산업이다'라고 목표를 정하였다. 그리

고 그 지식집약형 산업으로 항공기와 전자 산업을 지목
했다. 항공기는 군사주도형이기 때문에 일본은 미국에
상대가 되지 않는다. 그러면 남은 것은 전자공학과 컴퓨
터뿐이다. 컴퓨터도 미국에서는 군사주도이다. 따라서
일본은 민생용을 생산하면 미국과 중복되지 않는다. 그
러나 당시는 베트남전쟁이 끝나 미국의 컴퓨터 엔지니
어들이 군사에서 민생방면으로 연구를 전환하면 일본이
미국의 경쟁상대가 될 수 없을 것이라는 우려의 목소리
가 일본의 컴퓨터 산업계에 팽배하였다.

하여튼 이 분야는 미국 아니 세계에서 독점 기업에 가
까운 IBM이 과학기술뿐만 아니라 시장도 지배하고 있
었다. IBM에 대항하여 일본 기업을 육성하기 위해 통산
성은 71년 3월 31일「특정 전자공업 및 특정 기계공업
진흥 임시 조치법」을 공포하였다. 또한 IBM의 자유화
공세에 대항하기 위해 행정지도로 같은 해에 국내 메이
커를 히타치(日立)-후지쓰(富士通), NEC(日電)-도시바
(東芝), 오키(沖)전기-미쓰비시(三菱)전기의 세 그룹으로
나누어 각 기업이 기술제휴로 신종 컴퓨터 개발을 할 수
있도록 독려하였다.

72년에 통산성은「전자계산기 등 개발 촉진 보조금」
제도를 만들어 500억 엔을 투자하였다. 세 그룹의 연구
조합은 개발에 성공하여 74년에 각각 M, ACOS,
COSMO시리즈를 발표하였다. 여기서 일본 메이커는 하

드웨어면에서 IBM을 완전히 추격하였기 때문에 같은 해 7월 1일에 컴퓨터 기술도입 자유화를 실시하였다. 그리고 75년 말에는 컴퓨터 자본, 제조 · 판매 · 임대업, 컴퓨터 본체, 76년 4월 1일에는 정보처리 · 소프트웨어 관련업 자본 자유화로 완전 자유화하였다.

이 중형컴퓨터 개발 계획은 통산성의 일관된 정책의 견본을 제공하고 있다. 즉 여러 가지 장벽을 만들어 국내 산업을 보호하고 행정지도를 통해 연구조합을 결성하여 공동 연구를 하게 하는 한편, 각 그룹을 서로 경쟁시키면서 외국에 대항할 만한 기술력을 확보하면 자유화하여 시장을 개방하는 것이다.

이러한 방법은 다른 나라에서는 전혀 없었다. 일본만이 국내시장을 위해 IBM에 대항하는 컴퓨터를 개발하였다. 70년대 말에는 유럽국가들이 '극소전자공학혁명'이라 부르며 일본의 방법을 흉내내려 했지만 때는 이미 때는 늦었다. 통산성이 육성하여 온 것과 같은 기업은 유럽에서는 불가능하였기 때문에 쉽게 이야기하기는 어렵다.

컴퓨터를 움직이는 마이크로칩은 전후 진공관에서 트랜지스터, IC(집적회로), LSI(대규모집적회로)로 진화하여 소형화되고 있었다. 70년대 중반 무렵 미국에서 더욱 새롭고 강력한 집적회로를 개발하고 있다는 소식이 전해졌다. IC는 첨단 산업의 쌀로 불리우며, 전체 극소전자공학 발전의 주춧돌이 되는 것이다. 칩이 작으면 가전제품은 물론 결국은 인체에도 들어갈 수 있다. 통산성은 만약 이것이 미국에 제압당하면 마치 OPEC에 석유를 제어당하는 것과 마찬가지이기 때문에 향후 전개될 산업발전에서 매우 중요한 일이라고 생각했다. 그래서 76년에 「차세대 전자계산기용 대규모 집적회로 개발 촉진 보조금」제도를 창설하고 미국의 움직임에 대항하였다. 역시 통산성의 주도로 연구조합이 결성되어 기업간에 협조와 경쟁이 유발되면서 4년 간 계속된 이 프로젝트는 성공적으로 끝났다고 평가되고 있다.

나아가 통산성은 81년 10월에는 「제5세대 컴퓨터」프로젝트를 발표했다. 미국에서는 이 통산성의 기획을 경계심을 갖고 보았는데, 영어로 『제5세대 컴퓨터』라는 책이 출판될 정도였다. 80년대가 되면 일본 기업은 충분히 성장하여 통산성의 행정지도를 받지 않고도 스스로 연구개발이 가능하게 되었다.

4장 일본형 모델의 성립(1980년대 이후) :
'結'의 위상

1980년대에 들어서면서 일본 과학기술을 둘러싼 국제
정세가 급격하게 변화하였다. 미국이 일본 기술의 추격
을 의식하게 되었던 것이다. 게다가 미국에서 군비확장
을 지지하는 레이건 정부가 성립되자 카터 시대의 군축
과 환경노선을 떨쳐 버리고 소련을 가상적으로 한 SDI
(전략방위 구상. 일명 스타워즈 계획)를 시작하는 등 군사
과학기술을 추진시켰다. 일본도 이 체제에 휩쓸리게 되
었다. 그것은 SDI에 협력하라는 요청과 컴퓨터나 자동
차 시장을 둘러싼 공방이었다.

결국 일본의 과학기술 특히 첨단기술 분야가 세계 최
고의 수준에 도달하자 통산성의 보호 체제에 머물 수 없
었고 연구개발도 국제화 · 세계화의 물결 속에 빠져들게
된다. 그와 동시에 일본의 산업기술은 통산성의 손을 떠
나 민간 기업 주도의 연구개발이 강화되었다. 또한 일본

기업이 일본에 이어 과학기술입국으로 올라 서려는 아시아 · NIES · ASEAN 여러 나라에도 진출하자 일본 · 아시아의 블록화가 나타나게 됨과 동시에 일본의 과학기술이 본토에서는 공동화되는 현상도 생기게 된다. 요컨대 일본 과학기술의 국제화라는 문제를 어떻게 풀 것인가 하는 것이 심각한 과제로 대두되었던 것이다.

1. 과학기술입국

일본 정부는 60년대는 고도성장, 70년대는 소프트 사이언스와 같이 각 시대를 대표하는 슬로건을 내걸었다. 80년대의 슬로건은 '과학기술입국'이었다. 그러한 목표는 통산성은 물론 과학기술청에서도 내걸고 있다. 과학기술청의 경우는 과학기술입국, 통산성은 기술입국을 표방했지만 내용은 동일한 것이었다.

통산성의 정책으로서 기술입국론의 시작은 78년으로 거슬러 올라간다. "이제 일본은 자동차나 컴퓨터에서 세계 최고의 기술수준에 도달했다. 그럼에도 불구하고 이제부터 산업은 지식집약형으로 나아가기 때문에 과학기술 활동의 창조성과 자주기술 개발에 중점을 두자"고 하는 것이었다. '입국'이라는 국가단위의 목표 이면에는 미국이 가상적 혹은 경쟁 목표로 설정되어 있다. 분명히 통산성이나 과학기술청은 과학기술입국이라는 슬로건을 내세움으로써 일본 과학기술자를 독려하여 미국에 의존하지 않는 창조성을 발휘시키려는 목적을 가지고 있었을 것이다. 게다가 이들 정부기관 입장에서 보면 기술입국이라는 슬로건은 연구개발 예산의 증액을 요구하기 위한 중요한 수단이었을 것이다.

그리고 국시로서의 과학기술입국론의 '과학기술'은 '일본주식회사'의 상품으로서 취급되고 있는 것이다. 과학기술자는 그 노동자이다. "일하라. 일하라. 그리고 회사가 돈을 벌 수 있게 황금알을 낳아라. 그렇지 않으면 도산한다!" 과학기술론을 부풀린 문헌을 보고 있노라면 그 속에서 테크노크라시 체제의 경영자들의 절규가 들려온다.

'기술입국'을 영어로 옮기면 techno-nationalism이 된다. 제2차 세계대전으로 고통을 받았던 아시아 여러 나라들에서는 일본이 첨단기술로 군사기술을 발달시켜 또 침략해 오는 것은 아닌가 하는 우려의 목소리가 있었다. 냉전하에서는 과학기술은 주로 군사 중심으로 개발되어 왔기 때문에 이러한 '오해'는 무리가 아니다. 그러나 일본주식회사의 경영자들은 결코 무력으로 침략하려는 생각을 갖지는 않은 것으로 파악된다. 그러한 것은 지금은 가능하지도 않고 이득이 되지도 않는다. 더구나 냉전 후 미국과의 헤게모니 싸움을 위해 군사과학기술에 힘을 쏟으려는 것도 아니다. 어디까지나 일본의 노선은 '경제'이다. 다만 그 후에 계속된 사건들을 보면 미국과의 과학기술 마찰이 이었고, 미국도 공공연히 테크노 내셔널리즘이라는 말을 사용하면서 일본에 대항해 왔던 것이다.

미국과 일본의 과학기술 마찰

1980년 가을부터 FBI(미연방수사국)는 IBM의 소프트웨어를 침해했다고 일본의 컴퓨터 회사에 대한 조사를 시작하였다. 호환기종의 개발은 모델이 되는 기종의 OS(Operating System, 운영 체제)를 복사하면 가능하다. 70년대에는 IBM은 OS를 누구라도 이용할 수 있게 하였으나 80년대에 미국 정부가 저작권법을 개정하여 프로그램에 저작권을 인정하자 IBM도 OS의 저작권을 주장하기 시작했다. 이것은 명백하게 일본을 겨냥한 것으로 미국 정부와 IBM이 한패가 되어 행한 조치였다.

일본 컴퓨터업계는 그때까지 일본 시장의 상황만을 고려하고 컴퓨터개발을 해왔다. 컴퓨터 분야는 자동차의 경우와는 달리 미국으로, 세계로 시장진출을 생각할 수 있는 여력이 없었다. 그럼에도 불구하고 IBM의 세계전략에 일본 기업이 말려 들어간다는 것은 일본인에게는 위협으로 생각되었다. 우선은 일본 국내의 컴퓨터 시장을 잃는 것을 우려했다.

1982년 6월 3일 미국의 FBI는 함정수사를 펼친 끝에 IBM의 OS를 불법으로 복사한 혐의로 히다치 제작소(日立製作所)와 미쓰비시전기(三菱電機) 직원 여섯 명을 체포하였다. 엘리트 사원들이 수갑을 차고 있는 모습이 텔레비전을 통해 일본의 시청자들에게도 방송되었다. 일본으로서는 충격적인 경험이었다. 후지쓰(富士通)에 대해서도 IBM은 호환 OS의 권리를 주장하여 제소하였고 이 사건은 미국의 중재위원회로 넘어갔다. 87년에 중재 결정이 내려졌는데, IBM은 노하우(know-how)를 제공하고 후지쓰는 대가를 지불하는 방식으로 결정되었다. 정보 산업에서 소프트웨어는 국가나 기업의 경계를 넘어 손쉽게 복사가 가능하기 때문에 도리어 국가를 단위로 한 지적 소유권으로 만들어 지배권을 강화하려는 시도가 가능하게 된 것이다.

이미 70년대에 비슷한 일이 일어나고 있었다. 일본이 면허생산을 벗어나 자위대의 방위계획을 위해 군용항공기를 자주적으로 개발하겠다는 계획에 대해 베트남전쟁 이후 미국 군수 산업계의 어려움을 고민하던 미국 정부가 압력을 가하였다. 결국 미국과 공동으로 개발하게 되어 일본은 군용기 자주개발의 기회를 잃고 말았다.

이처럼 국제수준에 도달했던 일본은 그 과학기술력의 자주 연구개발을 위해 '과학기술입국'이라는 슬로건을 내걸었지만 미국의 노골적인 방해에 직면하여 과학기술

마찰을 피하고 이를 적당히 얼버무리기 위해서 '국제화'
라는 슬로건으로 바꿔 달지 않으면 안되었던 것이다.

국제화란?

84년에 나온 과학기술회의 제11호 답신에서는 60년
대의 주제인 '과학기술의 진흥', 70년대의 주제인 '사회
와의 조화' 외에 80년대의 새로운 주제로서 '국제성 중
시'가 더해졌다.

그 이후 정부기관만이 아니라 기업에서도 국제화를
주제로 나아가고 있다. 우리들이 조사한 바로는 컴퓨터
산업은 일제히 80년대 이후부터 '국제화'를 회사의 방침
으로 채택하고 있다. 다만 그 국제화의 방법은 기업에
따라 다르고, 아직 실험단계인 것으로 보인다.

"우선 직장에 외국인을 고용하여 일본인 사원에게 그
들과의 교제방법을 몸에 익히도록 하려고 생각하고 있
다"고 어느 대기업 인사과장은 말했다. 여기에는 80년대
에 나타나기 시작한 미국과의 기술 마찰을 피하기 위해,
단적으로 말하면 미국의 FBI의 함정수사에 걸려들어 파
견된 엘리트 사원이 수갑을 차게 되는 일이 벌어지지 않
도록 한다는 생각이 들어 있다.

개중에는 연구개발 거점의 해외설치나 국제적인 기술
제휴, 연구개발의 국제분업으로 나아가는 기업도 있다.
외국에 연구소를 두는 것은 현지의 과학기술정보를 입

수하기 위한 최전방 기지로도 볼 수 있으나 그것뿐만이 아닐 것이다. 88년 NEC는 미국의 뉴저지주에 MIT와 AT&T의 우수한 인력을 모아 NEC연구소를 만들었다. 하지만 그것이 일본 본사의 기업 이익과 어떻게 연결되는지, 일본 국내의 연구소와 어떻게 관련되는지 아직 실험중이라는 말밖에 명쾌한 회답을 들을 수 없었다. NEC로서는 미국과의 기술 마찰을 피한다는 의도였는지는 알 수 없으나 현지 미국에서는 일본 기업이 미국의 두뇌를 매점하고 있기 때문에 이를 경계하자는 테크노 내셔널리즘적인 시각에서 반응이 나오고 있다.

입국과 국제화의 모순

정부나 기업이 국제화한다고 말해도 연구자 교환을 통계상으로 보면 여전히 기업보다는 대학끼리의 연구자 교환이 압도적으로 많다. 따라서 일본에는 아직 과학자의 세계주의가 지배하고 있으며, 국제화는 주로 국가나 기업을 통해서보다도 개인을 통해서 행해지고 있다고 말할 수 있을 것이다.

기술입국과 국제화(국제산업연구협력)도 명백하게 모순되는 개념으로, 양자의 결합과 지양은 상당히 편의적으로 행해지고 있다.

일본 정부는 국익의 관점에서 기술입국을 설명한다. 다만 그 때문에 미국과 이해 충돌이 일어나면 눈앞의 긴장을 회피하고 완화시키기 위해 국제화를 선언한다. 하지만 그 내용은 명확하지 않다. 통산성과 과학기술청은 자기 기관 이익의 관점에서도 보호하에 있는 기업이 국제화하여 자신들의 관리를 벗어나는 것을 좋아하지 않는다.

기업체는 물론 기업이익이 중심이다. 미국의 기업과 이해의 갈등이 있을 때 이전처럼 국가의 보호와 원조를 받을 수 있다면 일본 기업도 입국노선에 따르는 행동을 한다. 그러나 미국과 일본의 개별 자본끼리 서로 필요에 의해 국제화하면 국가의 경계를 넘어 일본에 있는 기업이 특정 미국 기업과 기술제휴를 할 수 있다. 또한 상호 필요에 의해 제휴를 연장하면 다른 기업을 앞지르는 전략을 충분히 세울 수 있다.

결국 국제화는 학계에서는 세계주의적 이념에 기초하여 기초과학 분야에서의 순수한 국제화가 행해지고 있으며, 산업계에서는 그 성과를 자신들의 이해에 맞게 선택하여 '협조와 경쟁'을 적절하게 사용한다고 이해할 수 있을 것이다. 정부가 학계와 산업계의 중개를 맡는 기본적으로는 연구조합과 동일한 것이 국제수준으로 확대된다면 아직 국제화에서 정부의 역할은 남아 있다.

그러나 더욱 긴 안목에서 보면 인터넷에 의한 정보망의 발달에 의해 정보는 국가나 기업간의 벽을 넘어서는 방향으로 향하고 있고, 그것을 규제한다는 것은 매우 어려울 뿐만 아니라 비용도 많이 드는 일이기 때문에 서서히 과학기술은 입국(내셔널리즘)보다도 국제화의 방향으로 나아가고 있다고 생각한다.

2. 기초과학의 문제점

제2차 세계대전 중의 과학동원에서 가장 큰 성과는 원자폭탄을 제조한 맨해튼 프로젝트이다. 이것을 패러다임으로 전후 미국의 과학정책 지침이 종전 직전인 45년 7월에 나왔다. 전시 과학동원계획의 조직자인 버네버 부시(Vannervar Bush)가 지은 『과학—궁극의 프론티어』가 이를 잘 보여 주고 있다. 일찍이 미국은 기초과학을 유럽에 의존하고 있었다. 하지만 전후는 이미 전쟁으로 황폐화된 유럽에 기초과학을 의존할 수 없었다. 미국 국내에서 기초과학을 공급하지 않으면 안되게 되었다. 기초과학에서 응용 연구 나아가 개발로 이어지고 기술혁신의 씨앗이 뿌리내리게 되었다. 그리고 이 패러다임에 의해 미국과학재단(NSF)이 만들어졌고 군사비에서 기초과학에 출자하는 근거를 갖게 되었다.

이후 냉전하에서 이러한 패러다임이 계속 기능하였으나 최근에는 그것이 제대로 작동하는가에 대해 의문이 제기되고 있다. 우선 냉전이 붕괴되었기 때문이다. 그러나 보다 근본적인 이유는 애초에 기초과학인 물리학의 원리에서 원폭제조가 가능했다고 하는 맨해튼 계획의 사례는 특수한 것으로 다른 프로젝트에는 반드시 그대로 적용되는 것은 아니라는 데 있다. 일본은 정부가 기초과학에 별로 투자하지 않았는데도 고도성장을 거치고 과학기술력이 세계 수준에 도달한 것이 하나의 반증사례이다. 그러나 그것은 부시의 패러다임을 신봉하는 미국의 과학정책관료들로서는 인정하기 어려운 것이다. 그래서 눈에 거슬리는 일본을 공격하게 된다.

기초과학 무임승차론

미국은 80년대에 일본의 기술이 국제수준(즉 미국의 수준)에 거의 따라간 시점에서 일본 기술의 '무임승차론(無賃乘車論)'을 제기하였다. 즉 일본은 무료로 입수가 능한 기초 연구를 전부 미국에 의존하면서 이를 이용해 상품개발에만 힘을 쏟고 있다는 것이다. 기초과학이라 할지라도 지적 소유권은 미국에 있기 때문에 응분의 비용을 미국에 지불해야 한다는 주장이다. 과학기술은 상품이며 자본이 들기 때문에 그것을 지불하라는 말이다.

그것은 미국을 뒤쫓아가는 것을 목표로 하던 시기의 일본에 꼭 들어맞는 논의였다. 지금도 미국과 일본의 과학기술교류는 미국의 대학에 간 일본의 과학기술자들이 반대로 일본에 온 미국의 과학기술자들보다 그 수에서 압도적으로 많은 가히 일방통행이다.

다만 이러한 논의에 대해 일본의 기술자들은 미국의 기술진은 도대체 왜 자국의 기초과학의 성과를 제대로 활용하지 못하는가라는 의문을 제기하였다. 같은 언어를 사용하고 지리적으로도 가까운 자기네 나라 과학자들의 성과를 이용하는 것이 더욱 쉽지 않은가 하는 주장이었다. 확실히 미국 대학의 기초과학은 미국 정부(군)에 의해 기본적으로 지원받고 있다. 그러나 이것을 나라의 경계를 넘어 기업끼리의 경쟁이라는 관점에서 보면 일본의 기업은 미국의 기업보다도 훨씬 많은 돈을 미국 대학의 기초 연구에 지출하고 있다. 때문에 일본 기업은 그 위에 '승차' 하고 있는 것이며 반드시 '무임승차' 로만 볼 수는 없다.

또 미국에서는 상품화하기 위한 네트워크가 잘 발달되어 있지 않기 때문이라고 일본의 기술자들은 말하고 싶어할 것이다. 기업 연구소는 물론 자주개발을 지향하지만 일본의 기업 연구소에서 타사의 기술을 수용하는 일이 미국의 경우보다도 압도적으로 많다는 것은 그 자체가 상품화를 잘 할 수 있는 '상품화 네트워크' 가 존재한다는 것을 나타내는 하나의 지표가 되는지도 모른다.

일본의 경우 목적성이 높은 기초 연구가 많고, 미국은 순수 기초 연구가 많다고도 이야기한다. 일본의 기업 연구소는 미국에 비해 공표·공개하는 기초 연구논문의 생산율이 낮다. 일본에서는 연구자로도 불리지만 그보다 먼저 회사원으로 종신고용 속에서 연공서열을 중시하여 과학논문을 쓰면서도 개인을 내세울 필요가 없으나, 미국에서는 기업의 연구자도 다른 회사나 연구소의 스카웃에 대비하여 회사보다 자신들의 전문가로서의 지위를 더욱 중요시하기 때문에 자신들의 개인업적을 쌓으려는 데 더욱 관심이 많다고 볼 수 있을 것이다.

일본 기초과학의 수준

기초과학의 정의와 그 수량을 헤아리는 데에는 어려운 점이 따르기 때문에 여기서는 아카데미즘 과학 즉 논문으로서 공표되어 있는 것을 전체 기초과학으로 취급한다. '일본은 기초과학이 약한데, 그것은 대학이 빈곤하기 때문이다' 라고 80년대 미국의 논자들이 얘기해 왔고 일본 연구자들도 그렇게 생각하고 있다. 실제로 68년이래 대학분쟁으로 물리적으로 피폐하였으며 83년 이래문부성 예산은 별로 늘어나지 않았다. 그러나 통상과학적으로는 서서히 신장되고 있다고 볼 수 있다.

세계에서 발표되는 과학논문 중에서 일본인이 쓴 논문이 차지하는 비율이 착실하게 늘고 있고, 유럽은 감소하고 있으며 압도적으로 우위를 점한 미국도 장기적으로는 하락하는 추세에 있다. 1973년과 86년의 데이터를 비교해 보면 전 세계에서 발표된 과학논문 중에 미국이 점유하는 비율이 38.2%에서 35.6%로 하락한 반면, 그 기간 동안 일본은 5.3%에서 7.7%로 늘어났다. 80년대의 동향을 그대로 적용시키면 21세기 전반기에는 일본이 미국을 앞지르는 결과가 된다.

논문의 질은 논문의 인용빈도를 통해 알 수 있는데, 일본 논문은 아직 미국 논문의 인용빈도에는 미치지 못하고, 간신히 유럽 논문과 비슷한 수준으로 미국의 70% 정도이다. 개별 분야에서는 보면 전자공학에서 일본 논문이 미국의 논문보다도 인용빈도가 높다. 이것은 일본 전자 산업의 명성 덕분에 이들 논문들이 주목되었기 때문일 것이다. 한편 패전 후 '종이와 연필'로 국제적인 명성을 얻은 소립자이론 등을 포함한 물리학이 쇠퇴하여 인용 정도가 미국의 절반 정도에 그치고 있다.

80년대 전반부터 산학협동의 이름 아래 일본 기업들이 대학에 대한 기부를 꾸준히 늘려 왔는데, 실제로 대학과 기업의 공동 연구의 수가 증가해 왔다. 제도적으로도 89년부터 문부성은 일본의 국립대학에 기부강좌를 인정하는 조치를 취하였다. 그리고 80년대 말에 이르러서는 일본 기업들이 미국의 대학보다 일본 대학에 더 많은 기부를 하였다.

문부성과 대학도 앞다투어 대학원을 충실하게 만드는 데 노력하였다. 60년대 고도성장기에는 기업의 요청으로 이공계 전문학교나 학부를 양적으로 확대하려 했지만 80년대 후반에는 연구개발을 위한 대학원 수준의 인재가 요구되었고, 기업에서도 이제는 연구와 개발을 자주적으로 이루겠다는 의욕을 가지게 되었기 때문일 것이다.

3. 대학원 개혁과 국제화

전후는 미국이 특히 과학기술 분야를 중심으로 모든 학문의 중심지가 되었다. 그리고 연구자와 전문가들이 미국으로 빠져 나가는 '두뇌유출'이 유행하였다. 또한 미국과의 인적 교류가 많아짐에 따라 미국의 대학원과 학위제도에 맞추자는 움직임이 유럽을 비롯한 세계 각지에서 일어났다. 이미 독자적인 학풍과 제도를 확립하고 있던 영국·독일·프랑스와 같은 유럽 선진국들은 미국식 대학원제도의 수용을 말하면서도 각자 고유한 발전을 중시하여 형식적으로 미국의 대학원제도를 그대로 따라하지는 않았다.

일본도 전쟁 이전에 이미 독자적인 대학 체제를 완성하고 있었다는 점에서는 유럽 여러 나라들과 같다. 그러나 일본의 경우는 새롭게 만들어진 대학원이 점령 당시 미국의 교육제도를 모방하여 이전의 대학원을 대체하여 제도적으로는 바뀌어져 있었다. 따라서 전후 유럽 제국을 풍미한 미국 대학원을 모델로 한 '대학원 만들기'를 일본은 대단히 빨리 추진해 나갔고, 그 특징은 형식을 우선하는 것이었다.

미국의 대학원에는 보통 학년제는 없지만 일본에서는 석사과정 2년, 박사과정 3년이라는 식으로 대학원도 학년제 방식을 취하고 있다. 그러나 실질적으로 대학원제도의 개혁에서 문부성의 대학심의회나 다른 준정부기관의 논의에서 목표하는 것은 되도록 미국 모델에 근접하는 것이었다. 다만 최근에는 형식보다도 내용에 더욱 주목하게 되었다. 88년에 대학원제도의 '탄력화'를 꾀했을 때도 형식적인 학년제를 완화하고 그 내용을 보다 실질적으로 만들려는 시도가 있었다.

따라서 일본 대학원의 국제화는 어느 정도 미국 모델에 근접하고 있는가가 그 척도가 된다. 대학원에 머물지 않고 일본의 연구 구조를 미국의 그것과 비교하여 논할 때, 특히 이공계의 경우 기초 연구에서는 중점 부분이 대학원의 연구기능에 상당히 주어져 있으나, 일본의 대학원은 별로 충실하지 못하고 상대적으로 기업의 중앙 연구소가 연구의 중추를 이루고 있다고 말할 수 있다. 그것은 최근 대학원 과정을 밟는 것보다 더욱 우수한 기업의 설비를 사용하면서 쓴 공학계 박사논문의 증가에서도 볼 수 있는 현상이다.

대학원 개혁이 지연된 이유

신제(新制) 대학원이 발족한 초기에는 일본의 구제국대학 교수들은 대학원만을 전담하는 전임교수가 없다는 것에 대해 탄식하고 있었다. 그러나 대학원만을 위한 전임교수는 미국에도 없다. 미국에서는 교수단이 전공에 따라 나뉘어 있고, 그 전공에 대해서는 일반 교육에서 대학원까지 전부 단계적인 교육을 담당하는 것이다. 역사적으로 볼 때 존스 홉킨스대학 등에서 대학원 대학을 시도하였으나 재정적으로 지속되지 못하였다. 지금은 록펠러대학이 유일한 대학원 대학으로 되어 있으나 학교 경영에 어려움을 겪고 있다고 한다. 그리고 하버드와 같은 연구대학은 대학원생 6할, 학부생 4할의 비율로 학생수에서도 교수의 지도에서도 중점이 대학원으로 이동하고 있다는 것은 확실하다.

일본에서는 약간 다른 맥락에서 대학원 전임교수를 이야기할 수 있다. 구제국대학 출신 교수들은 전문학교에서 승격한 지방의 군소 대학과는 달리 연구의 개념을 가지고 있었기 때문에 대학원 대학을 지향했던 것이다. 하지만 그들이 어느 정도로 미국 대학원을 인식하고 있었는가는 의문이다.

그리고 결과적으로는 인사권 등 학부 자치권력의 중심은 전쟁 이전부터 존재해 온 학부 교수회에 있었다. 따라서 학부에 종속되는 형태로 新制 대학원이 출발했다. 초기에는 도쿄대학에서처럼 미국의 대학원을 따라 사회과학, 인문과학, 자연과학이라는 분류로 종래 구제 대학의 학부·학과 구성에 얽매이지 않는 광역 대학원 분과를 조직하여 경계영역의 개척을 지향하였으나 결국 종래의 학부 교수회의 분류에 따라 재편성되었다.

미국의 대학조직에는 디파트먼트(department, 학과) 제도가 있다. 그것은 교수조직으로 학생조직은 아니다. 미국에서는 얼마 이상의 학생을 교육해야 한다는 의무가 없다. 따라서 디파트먼트는 최첨단 연구의 방향에 맞추어 매우 유연하게 개혁과 변화를 이루어낼 수 있는 조직이다. 그 점이 일본의 대학구성과 다르다. 즉 일본의 경우는 학부·학과가 문부성의 설치기준과 학생정원에 묶여 있기 때문에 이러한 구성 아래서 교수·연구자만으로는 대학의 변용·개혁이 불가능한 것이다.

교수·연구원의 국제성

'일본 대학은 국제성이 없다'는 지적은 오래 전부터 있어 왔다. 특히 연구기능을 갖춘 대학원에 대해 그렇게 말할 수 있다. 미국의 대학원과 비교해 보면 그것은 일본 대학원의 주요한 결함으로 보인다.

그 원인은 물론 언어상의 문제도 있지만 실제로 국립대학의 임용제도가 일본인과 외국인을 구분하고 있다는데 있다. 일본어를 자유롭게 구사하는 재일한국인, 재일

조선인(총련계를 말함)에게도 국가공무원인 국립대학 교수가 되는 데에는 국적상 제약이 가해진다.

미국 대학에서는 예컨대 주립대학이라도 교수의 임용에서 국적이 문제되는 일은 적어도 표면적으로는 없다. 프랑스는 일본과 같이 관료국가로 대학교 직원은 국가공무원이지만 1968년 5월 혁명의 결과 최고 행정직 이외에는 외국인 학자에게도 개방되었다. 교수가 각 주의 공무원인 독일의 체제에서도 1970년까지는 교직은 물론 행정직에도 외국인 학자의 채용과 승진에 관한 모든 제한은 폐지되었다. 그러한 여러 외국의 관행이 일본의 대학에도 압력으로 작용하고 있다. 그것은 우선 일본에 온 외국인 연구자들이 비판하는 형태로 나타난다. 특히 재일조선 · 한국인들은 외국인이라 하더라도 언어상의 장벽이 없는 만큼 강하게 비판하였다. 일본 국내에서도 제한폐지의 움직임은 패전 후 미국 대학에 고용되어 연구업적을 쌓은 귀국 일본인 과학자들의 지지를 받았다.

드디어 82년에 '국제화'의 외압에 응하여 외국인 학자를 국립대학에서 일본인과 동일한 조건으로 고용하는 법령이 제출되어 1987년까지 외국인 교원은 국립대학에 꽤 채용되었다. 1992년 현재 12만 9천 29명의 일본의 상근 대학 교원 중 2,685명은 정규의 외국인 교수이다. 그 가운데 사립대학에서는 1,780명, 국공립대학은 훨씬 더 적어, 국립대학에 819명, 공립대학에 86명이 근무하고 있다.

1991년에 일본학술회의의 회원에게 실시한 앙케이트에 의하면 외국인 교수 고용을 지지하는 수가 압도적으로 많다. 그러나 실제로 외국인 교수를 채용하면 일본인 전문가 집단과 학계에 일종의 압력이 작용하여 이후에는 일본인 후계자를 뽑는 일이 통상적으로 이루어지고 있는 것으로 보인다.

사립대학은 국립대학보다 유연한 제도를 갖고 있는데 그 때문에 확실하게 대학원과 관련된 외국인 교수의 숫자를 헤아릴 수는 없다. 다만 일반적으로 사립대학에서는 주로 어학교사로 외국인을 고용하기 때문에 전문적인 대학원과는 직접적으로는 관계가 없다.

국제화의 장점—아이디어의 촉발

'아이디어는 다른 발상에서 촉발된다'는 생각은 미국 과학계에서 받아들이고 있는 신앙이다. 그러한 관점에서 보면 일본의 대학은 단일민족, 단일언어를 가진 일본인 집단으로 구성되어 있으므로 논쟁이 적고, 아이디어를 창출해 내는 데 매우 불리하다고 말할 수 있다.

상당한 논객이었던 아인슈타인이 독일에서 탈출할 무렵 일본에 초빙하자는 계획이 있었다. 그것도 손님으로서가 아니라 동료로서 대학에 들어오면 그 주변의 지적 분위기는 상당히 달라졌을 것이다. 다만 그 효과는 정확하게 알 수는 없다. 왜냐하면 우선권 싸움이라는 경쟁원리에 기반하는 기초과학의 경우 그 효과가 뚜렷하게 나타날 수 있지만, 경쟁보다는 협조원리에 기반하여 연구개발을 추진해 나가는 일본 기업의 연구형태와는 대단히 이질적인 것이기 때문이다. 결국 역사와 전통에서 배양된 문화의 차이는 쉽게 극복할 수 없는 것일까?

또 미국 과학계의 활력은 외국인에 의해 주입되고 있다는 얘기가 있다. 사실 미국의 대학원생에 대한 조사에 의하면 유학생들의 박사학위 취득률이 미국인 학생보다 높고 또한 보다 단기간에 학위를 취득한다는 결과가 나온다. 미국에서는 이것을 두뇌획득으로 부르면서 환영하는 분위기가 있다. 원래 미국은 이민에 의해 만들어진 나라로 이후에 들어온 민족·인종은 각자 특수한 기능을 갖고 미국 사회에서 지위를 확보하고 사회의 결함을 보완해 간다고 생각되기 때문이다.

이같은 일은 일본에서는 좀처럼 일어나기 힘들다. 우선 전통적으로 사회에서 유학생·외국인에 대한 허용도가 낮다. 심지어 하숙집에서도 외국인에 대한 차별이 존재한다. 그러나 애초에 고대 일본 문화는 도래인(渡來人)에 의해 만들어진 것이다. 이제는 일본도 선진 기술대국으로 계속 살아남기 위해서는 하루 속히 해외의 인재를 대량으로 받아들여 두뇌획득을 꾀할 필요가 있다. 현재 일본 대학원에 아시아인 학생이 점점 늘어나는 현상이 보이는데 이는 고무적인 일이다.

전문직업대학원

일찍이 일본에서 의학박사를 따는 일을 두고 '벼룩 불알(睾丸) 박사'라고 멸시하여 부른 적이 있다. 개업의가 임상과 관계가 없는 하찮은 주제로 연구논문을 써 학위를 받아 장식용으로 붙이려는 관행을 야유한 것이다. 임상에 의한 학위를 받는 것은 극히 어려웠다. 그것은 많은 환자를 치료해야만 하는 등 오랜 기간이 걸렸기 때문이다.

미국의 의학박사(MD)는 연구논문을 쓰는 것이 아니라 일정 기간 임상과정을 이수하면 받을 수 있다. 이것은 임상의에게 주어지는 전문직업인을 위한 학위로 일본에서는 국가시험에 의한 의사 개업면허에 해당한다. 전문직업의 학위는 공통의 지식·기능을 수련하는 일에 대해 주어지지만 연구대학원에서는 독창적인 연구논문이 요구된다. 일본에서는 연구대학원과 전문직업대학원의 차이가 미국만큼 확실하게 인식되지 않는다.

그리고 이것은 이공계의 경우 기업이 고급 학위소지자를 채용할 때에 문제가 된다. 60년대 고도성장 시기에 기업들은 아직 박사학위 보유자의 경우 지나치게 전문적이어서 생산현장에는 적합하지 않다고 판단하였다. 다만 중앙연구소에는 박사학위를 가진 사람이 있었다.

156

그로부터 20년이 흘러 80년대가 되자 처음으로 중앙연구소의 성과가 생산현장과 결합될 가능성이 보이게 되었다. 그 동안에 일본의 기술력이 특히 첨단 분야에서 세계 최고 수준, 즉 미국의 수준에 접근하였고, 어떤 부문에서는 미국을 추월하게 되었던 것이다. 미국에서 기술을 받기 어렵게 되었고 무엇보다도 기술혁신의 씨앗을 중앙연구소에서 스스로 만들어 내지 않으면 안되는 상황에 도달했다.

고학력자들도 석사는 전문직업 혹은 엔지니어로서 완전하게 기업 시스템 속에 정착하고 있다. 지금은 연간 13,000명에 이르는 공학계 석사의 80%는 기업 연구소에서 근무하고 있다. 하지만 기업들은 아직도 박사학위를 가진 사람들에 대한 적당한 대우를 모른다. 전문적이기만 한 것으로 간주하여 종래는 평가되지 못하였지만 80년대에 들어서 겨우 그들을 평가하는 상황이 되었다.

미국의 석사학위는 실무를 위한 것이 많은데, 일본에서는 대학이 전부 문부성의 독점적 관할하에 있기 때문에 석사과정에도 연구대학원의 성격이 유지되어 연구지향적이다. 그리고 박사과정은 명확하게 연구자 양성과정이다. 다만 1993년부터 호쿠리쿠(北陸), 나라(奈良)에 설립된 첨단과학기술대학원(尖端科學技術大學院)은 실무교육을 위한 전문직업 대학원을 지향하고 있어 직장인 입학자도 많다.

아시아에서 본 일본의 대학원

학위를 준다고 하면 유학생은 어디에서도 모여든다. 하지만 유학생이 본국에 귀국했을 때 자국인에게 제시할 수 있는 증서(졸업장)가 없으면 아무 일도 할 수 없는 처지가 되고, 유학경력은 오히려 손해가 된다. 이러한 사정을 참작하여 프랑스에서는 일찍이 유학생을 위한 '대학박사'를 '국가박사'와는 별도로 주고 있다. 물론 유학생을 위한 것이 더 쉬워 학위취득에 걸리는 시간이 짧다. 일본에서도 문과계 학위취득에 그러한 외국인에 대한 배려가 간간이 있긴 했지만 공식적으로 인정되는 것은 아니다. 이과계에서의 학위는 국제화되어 있기 때문에 그 점에서는 별다른 문제가 없다.

유학생들은 박사학위의 수준을 첫째 미국, 둘째 유럽, 셋째 일본, 넷째, 자국을 포함한 동양 여러 나라의 순으로 평가하고 있다. 학생이 희망하는 학위는 석사는 문과계가 많고, 박사는 이과계가 많은데 이는 학위취득의 난이도를 그대로 반영하고 있다고 말할 수 있다. 한자권에서 온 유학생들의 경우 비한자권보다도 이 점에 대한 인식이 확실한데, 이는 이들이 일본의 학위수여 상황에 대한 정보를 더욱 정확하게 알고 있기 때문이다.

90년의 유네스코 통계에 의하면 일본에는 한국, 대만, 중국에서 온 유학생이 압도적으로 많다. 일본의 식민지로 일본군에 점령되기도 한 이들 지역에는 아직도 일본에 대한 반감을 강하게 가지고 있는 노년층이 남아 있고 또 젊은이들도 이를 알고 있다. 하지만 역시 구 한자문화권의 사람들은 물리적 거리뿐만 아니라 무엇인가 문화적으로 가까운 느낌을 가지고 있다고 볼 수 있는데, 이 때문에 많은 유학생이 오는 것으로 생각한다. 또 일본어 습득이 쉽다는 점도 주요한 이유이다. 이들 한자권 국가의 유학지는 미국이 가장 많고 두번째가 일본인데 그 차이는 상당히 크다.

93년의 한 조사에 의하면 개발도상국 지역에서 일본에 온 유학생 중 일본을 제1지망으로 하지 않았던 사람이 4분의 1가량 된다. 보통 제1지망은 미국 혹은 유럽이며 그 다음이 일본이다. 유학생의 박사논문은 86년 조사에 의하면 영어로 쓴 자가 66%, 일본어로 쓴 사람이 26%로 그 가운데 일본어로 쓰는 것을 요청받은 사람은 6%에 불과하다. 이과계에서는 특수한 경우를 제외하고 일본어로 쓰기를 요청받은 경우는 없으며, 반대로 일본인에게 영어로 쓸 것을 요청한 예는 꽤 있다.

한국에서는 미국에서 Ph. D.를 받고 귀국한 학자들 사이에 파벌이 있어서 일본 학위를 받고 귀국한 사람은 대학에 들어가기 어렵다. 대만이나 다른 동남아 국가에서도 한국만큼 극단적이지는 않지만 비슷하다고 말할 수 있다. 그런데 기업 특히 일본과 관계가 깊은 기업에서는 일본의 학위취득자가 평가받고 있다. 무엇보다도 기업에서 중요하게 여기는 것은 박사보다도 석사이다.

개발도상국에서 온 유학생들은 특히 이공계의 경우 수학, 물리, 화학 등의 수업이 지나치게 어렵다는 평가를 내리고 있다. 아시아 발전도상국에서 일본으로 오는 유학생은 이공계, 농과계 지망생이 압도적으로 많은데, 그들에게 일본 대학원은 지나치게 연구지향적이다. 이것은 일본의 구제 대학원 이래 연구지상주의에 의한 것으로 그 반면 코스워크(course work)가 경시되고 있다고 할 수 있다. 또한 실무자 양성을 위한 전문직업대학원이 성숙되지 않았다는 사실을 말해 준다.

유학생들은 연구의 최선두에서 연구업적을 쌓는 것보다도 모국이 당면한 문제를 풀어나가는 데 기대를 갖고 있기 때문에 실제적 수업을 바란다. 이것은 공업, 농업과 같은 실무·실학에 대한 유학생의 불만이 많은 점에서도 알 수 있다.

분명히 국제적으로 보아, 즉 미국과 비교하여 일본 이공계대학원은 현재의 상태로는 아직도 대량의 실무전문가를 육성하는 정도로 발달하지 못하였다. 교육은 문부성의 독점적 관리에 있고, 통산성, 과학기술청, 농수성, 후생성 등의 실무관청은 손을 빼고 있기 때문에 이렇게 된 것으로 필자는 생각한다. 결국 공학, 농학, 경영학 같은 실무를 위한 실학을 전문으로 하는 프로페셔널 스쿨(professional school)과 지적 호기심을 만족시키는 연구를 위한 연구대학원으로 분리하면 일본은 아무래도 전자가 약하다 하겠다.

4. 아시아 여러 나라와의 관계

일본은 강화 후 아시아 나라들에 배상의 형태로 기술을 제공하고, 결국 그 기술을 통하여 일본의 경제진출의 거점을 확보할 수 있었다. 일본이 기술을 제공할 때에도 아시아 국가들은 일본이 기술이전에 인색하여 별로 사실상 중요한 기술은 이전하지 않았다는 불만을 토로하였다.

개발도상국은 선진국으로부터 기술을 받을 때 선진국의 태도에 대해 강한 불신감을 가진다. '선진국이 도상국에 대해 적정기술로 부르면서 수출하는 것은 사실 선진국에서는 한물간 중고기술에 지나지 않는다'는 비판이 도상국에서 자주 나오는 것이다. 분명히 선진국은 중고기술을 수출하지만 도상국측에도 단순히 위정자의 체면에서 첨단기술의 이전을 요구하는 경향이 있다.

이러한 환경에서 진출한 일본 기업은 다른 선진국과 비교할 때 이윤추구에만 열심일 뿐 중요한 기술은 일본인 기술자가 독점하고, 현지의 기술자에게 가르치는 일을 꺼려한다는 것이 종종 지적되고 있다. 예를 들어 태국에 일본에서 글루타민산 소다의 제조기술을 이전하는 경우 일본에서 직접 이전하기보다는 일단 일본에서 대만으로 이전한 기술을 태국이 대만에서 수입하는 방식이 이전하기 쉽다고 한다. 대만은 그 기술을 자신들이 개발한 것은 아니기 때문에 처음부터 소유권 감각이 적다. 따라서 대만은 기술이전에 적극성을 띤다고 한다.

그러나 기술이전은 인프라의 형성을 동반하는 길고 험난한 과정이다. 그 답은 아시아 NIES 제국이 공업화에 성공한 80년대, 90년대가 되어 처음으로 나타나고 있다. 일본의 기술원조의 70%이상은 아시아에 제공되어 왔다. 그리고 70년대에 미국이 동남아시아에서 철수한 이후 80년대에는 아시아 NIES 제국, 90년대에 ASEAN 제국과 이루어진 기술이전은 다른 지역과 비교해 보면 성공적이었다는 평가를 내릴 수 있다. 물론 그 과정에서는 현지 사람들의 노력이 가장 중요하였지만 일본과 가까운 나라들의 성공 요인의 일부분은 일본에서의 기술이전이 상대적으로 용이했다는 점일 것이다.

아시아 NIES제국은 60년대부터 통산성이 했던 방식을 받아들여, 80년대에는 근대화로 향하는 이륙에 성공했다. 테크노크라시 체제를 만들어 정부주도로 기술이전을 하고 결국은 수출시장으로 향하고 첨단산업을 육성해 나가는 방식이었다. 나아가 ASEAN 제국으로 그리고 중국 본토로 근대화 · 공업화의 물결이 퍼져 나갔다.

그렇다면 제3세계 다른 지역과 비교하여 왜 아시아에서 성공적으로 기술이전이 이루어졌는가라는 문제에서 역시 일본의 존재가 무시될 수 없다. 기술이전을 해 주는 쪽이 좋다 안 좋다를 떠나서 근린효과(近隣效果)가 있고, 기술은 이웃 나라들로 파급된다. 플랜트 수출의 경우 아무리 일본이 기술이전을 하지 않으려 해도 사람과 함께 기술도 새어 나가는 것이다.

그러나 선진국의 많은 원조가 개발도상국 상층부의 이익과 권위보호를 위해 이용되어 실질적으로 오히려 빈부의 격차를 심화시키고 독재권력 구조를 강화시키는 수단으로 전락되는 등 유해한 영향을 주는 일도 있다.

80년대 이후가 되면 도상국의 GNP 증가율은 선진국보다도 높아졌다. 따라서 남북격차가 완화되는 것으로 볼 수도 있으나 실제로는 도상국의 인구증가가 성장률을 앞질러 1인당 GNP는 반대로 낮아져 선진국과의 격차는 커지고 있다.

또한 일본의 기술원조는 연구개발비 지출과 같이 민간지출이 정부를 통한 것보다 많다는 점에 특징이 있다. 하지만 파견된 기술자는 대개 정부기관의 관청기술자로 기업인은 34%에 지나지 않는다.

일본은 전쟁 이전부터 이민을 보내고 있었지만, 70년대부터 고도의 능력을 갖춘 기술자를 해외로 보내는 등 발상의 전환을 꾀하였다. 그러나 이제는 기술 인재가 일본 국내에서도 모자라는 형편이 되어 해외로 내보낼 여유가 없다. 국립대학의 교수들도 오랫동안 해외에 체류하면 그 자리를 잃기 때문에 장기간의 해외 프로젝트에는 참여하지 않는다. 일본의 건설업체가 병원을 지어 제공하려는 계획이 있었지만 의사를 일본에서 데려갈 수 없어 공사가 중단되고 만 사례도 있다.

일본에서 파견이 어렵게 되자 해외에서 연수생을 받아들이는 것이 일단 하나의 해결책으로 등장했다. 하지만 일본어 습득이 곤란하다는 점과 그 국제성의 결여, 더욱이 일본측이 받아들이는 인프라의 빈약 때문에 필연적으로 좋은 효과를 얻을 수 없다.

이공계를 떠나는 것은 세계사적 필연

1980년대에 통산성은 테크노폴리스(techno-polis) 계획을 내세웠다. 이 계획은 일본 국내에서 공업화가 비교적 뒤떨어진 지역의 진흥과 지방의 기술수준을 향상시키기 위한 것으로 전국에 25개소의 테크노폴리스를 지정하여 인프라 만들기를 돕고 개발자금을 지출하여 첨단공장이나 연구소의 유치를 꾀하게 한다는 것이었다. 그러나 80년대 말에는 그 계획의 실패가 명확하게 드러났다. 80년대 중반에 엔화가 평가절상되었기 때문에 기업은 일본 국내의 테크노폴리스보다도 동아시아 혹은 동남아시아에 진출하여 공장을 지었기 때문이다. 일본 국내에서는 기술의 공동화 현상이 일어나는 것은 아닌가 하고 걱정하였다.

게다가 80년대 말에는 일본의 젊은이들 사이에 이공계를 떠나는 움직임이 일어나 우려의 목소리가 더욱 높아지고 있다. 직접적 이유는 그 무렵의 거품경제 시대의 호황과 높은 급료에 이끌려 이공계의 우수한 졸업생들이 제조업을 멀리하고 금융업으로 진출했기 때문이다.

사실 오랜 역사적 안목에서 보면 이공계를 떠나는 이러한 경향은 필연적이다. 산업혁명이 최초로 일어난 영국을 시작으로 유럽에서는 이미 이공계를 떠나는 현상이 일어나고 있었던 것이다. 미국에서도 1970년대부터 미국의 젊은이들이 이공계를 이탈하기 시작하여 많은 사람들이 공학에서 비즈니스 스쿨로 지망을 변경하였다. 일본에서도 미국의 뒤를 따라 '이공계 떠나기' 경향이 나타나기 시작한 것인지도 모른다.

생각하건대 근대 산업이 일어날 때에 나타난 과학기술자라는 전문직은 사회의 밑바닥에서 자신의 기술을 가지고 출세해 온 계층이다. 산업혁명기 영국의 기술자는 신봉하는 종교 때문에 차별받아 대학에 들어가지 않으면 안되는 계층에서 나왔다. 그들은 가난했기 때문에 오염된 환경에서도 참아내며 공업을 통해 사회에 진출하려 하였다.

메이지 일본에서는 서양으로부터의 기술도입은 주로

신정부의 정책 때문에 봉록을 잃은 사무라이(士族) 계급의 자제가 새로운 직업인 이공계에서 신천지를 구하기위해 뛰어들었던 것이다. 그들은 가난했지만 세계에서도 예외적으로 사회적 출신은 높았다. 일본에서 이공계의 사회적 지위가 서양과 비교하여 높은 까닭이다.

하지만 근대화·공업화에 성공하고 과학기술에서 세계의 최선두에 서게 되자 태도가 변하였다. 알기 쉽게얘기하자면, 물건을 만들어 돈을 번 사람은 그 돈을 빌려주어 여생을 편안히 살고 싶어지게 되는 것이다. 무엇보다도 바쁘고 고통스러운 이공계 교육을 받기 싫다고생각하게 된다. 결국 이공계를 떠나는 것이다.

그러나 반드시 이러한 선진국에는 근대화·공업화하려는 가난한 나라의 배고픈 젊은이들이 와서 과학기술에 계속 종사하게 된다. 유학생들도 언어의 핸디캡이 문과계의 학문이나 직업보다 덜하기 때문에 흔쾌히 이공계를 택한다. 반대로 본국인들은 가난한 유학생과 경쟁하지 않으면 안되는 상황에서 본국어를 사용하기에 유리한 문과계 전공이나 직종을 선택한다. 오늘날 미국 이공계의 새로운 박사학위 취득자들은 미국 본토인보다도유학생이 많아졌다. 특히 중국인이 많다. 그들이 지금부터 앞으로의 미국 과학기술을 담당할 것이다.

일본도 언젠가는 미국과 같은 방향을 걸을 수도 있기때문에 지금부터 유학생을 존중하고 일본이 만든 과학기술의 산물을 유지하지 않으면 일본의 번영은 그리 오래가지 않을 것이다. 21세기는 일본의 시야가 모두 미국에서 신흥 아시아로 옮겨지는 시기라고 말들 하는데 인재의 경우도 지금부터 아시아로 눈을 돌리지 않으면 안 되는 것이다.

지구환경 문제와 NGO

1980년경에 미국 정부의 특별조사보고서 『서기 2000년의 지구』가 발표되었다. 같은 시기에 나온 일본 경제기획청의 경제심의회 장기전망위원회의 보고 『2000년의 일본』을 비교해 보면, 전자는 이대로 나아가면 2000년에는 현재보다 인구과밀, 오염확대, 환경악화가 심화되고, 자원도 고갈되는 상황에 직면할 것으로 경고하고 있다. 반면에 후자는 그 사이에 일본은 주변 국가와 잘 지내면 결국 살아남을 것이라는 어디까지나 국가 중심적인 보고서이다.

그런데 80년대 중반부터 지구환경 문제가 급속하게 세계적인 문제로 떠오르게 되었다. 산성비나 오존층의 파괴 문제는 일본보다 먼저 유럽에서 문제가 되었기 때문에 이 지구환경붐은 일본으로서는 순전히 외부로부터 온 것이었다. 따라서 관계자들 사이에서는 의혹의 눈초리도 없지 않았다. 처음에는 정·관계 일부에서 이것은 '일본 때리기'의 일환으로 자행되는 외압으로까지 생각했다.

70년대에 극심했던 공해 투쟁은 공해 원인을 제공한 기업을 지적하고 재판을 통해 이를 해결하는 형태를 취하였다. 하지만 인간의 환경파괴 능력이 더욱 확대되어 지구환경 전체의 문제가 되면 특정 기업을 공격목표로 하는 것은 불가능하다. 따라서 경단련과 기업도 안심하고 '지구에 다정하게'라는 지구환경붐의 대합창에 동참했던 것이다.

지구환경 문제를 다룰 적당한 기관은 우선 국제연합이다. 그런데 문제는 국제연합에 보낸 정부의 정식대표는 국익을 대표할 의무가 있기 때문에 지구 규모의 문제를 취급할 자격이 모자란다는 데 있다. 그래서 정부 사이에서 불가능한 일에 대해서는 국제연합의 여러 회의를 외곽에서 지원하는 비정부단체(NGO)에 의뢰할 수밖에 없다. 서양의 활동가들은 79년 8월 오스트리아의 빈에서 열린 'UN 과학기술과 개발회의'의 집회에서 '적정기술'을 내걸고 국제연합에 그 실시를 촉구하는 등 NGO로서 활동하면서 밖으로는 국제기관을 압박하였다. 특히 스칸디나비아 국가들이 점차 지도적 역할을 맡으면서 프레온 가스 규제 문제 등 지구환경 문제를 제기하여 미국이나 일본과 같은 나라의 행동을 이끌어 내었다.

한편 일본에서는 외무성이 민간 활동을 별로 믿지 못

하여 NGO 의정이 비정상적으로 느려졌다. 다만 1992년
에 브라질에서 개최되어 개발과 환경을 어떻게 조화시
킬 것인가와 지속가능한 개발을 모색한 「국제연합 환경
개발회의」(흔히 지구환경정상회의) 이후에는 NGO 활동
이 일본의 대중매체에 보다 자주 취급되었고 일반 사람
들게 널리 알려지게 되었다. 외무성에서도 본격적인
NGO에의 대응으로서 94년 외무성 경제협력국에 정식
으로 '민간원조지원실'을 설치하였다. NGO 관계 문헌
도 서양에서는 지구환경정상회의 준비를 위해 92년 이
전부터 많이 나오는 데 반해 일본의 경우는 92년부터 다
수의 문헌이 나오기 시작했다. 그런 의미에서 92년은 실
로 일본에서는 NGO의 원년으로 말할 수 있다.

5장 결론

　이상과 같이 전후의 일본 과학기술사를 개관했는데, 지금부터는 일본 과학기술이 어떤 방향으로 나아갈 것인가에 대해 생각해 보자. 향후 일본 과학기술의 방향은 지금까지 일본이 걸어온 길을 미래에까지 연장하여 보면 뭔가 해답을 얻을 수 있을 것이다. 그에 앞서 일본 과학기술이 국제적 수준에 도달하였다고 하는 것이 무엇을 의미하는가를 살펴보고자 한다.

　전후 50년 동안 일본 과학기술은 사회경제적 토대를 달리하는 미국의 과학기술을 모델로 하여 온갖 노력을 다해 그 모델에 접근하려는 시도를 하였다고 볼 수 있다. 하지만 90년대가 되자 미국형 모델은 냉전의 종식과 군산복합체의 해체와 함께 전환될 운명에 처해 있다. 미국형 모델은 오히려 일본이 나아갈 바가 아니라고 말할 수 있다. 나아가 지금까지 존재해 온 미국형 모델은 이

미 기능을 잃은 것이라고도 말할 수 있다. 그럼에도 불구하고 여전히 미국 모델을 추구하는 것은 일본인들이 나아가야 할 길을 잃어버리는 일이다.

현재의 시점에서 필요한 것은 오히려 일본이 지금까지 온 길을 돌이켜보고 일본의 사회 · 경제적 토대에서 어떤 점이 미국과 다른가를 살피면서 그것을 일본형 모델, 즉 '저팬 모델'로 발전시키는 것이 옳지 않을까? 일본형 모델을 만들어 보고 그것을 뛰어넘어 더욱 바람직한 방향으로 나아가는 방법을 모색해 보자.

1. 일본형이란?

앞에서 일본 과학기술의 형태로 저팬 모델을 제시하였는데, 그것은 고정된 것이 아니라 항상 역사적으로 변해온 것이다. '일본의…'라고 말할 때 그것은 지리적으로는 '일본에서 만들어진 것'이라는 의미도 있고, '일본인에 의해 만들어진 것'으로도 정의할 수 있을 것이다.

한편 과학사라는 학문은 주로 남아 있는 문헌에 의거하기 때문에 무엇보다도 그것이 어떤 언어로 씌어졌는가 하는 것이 중요한 문제이다. 그래서 그리스 과학은 그리스어로 기록된 과학으로 정의되며, 일본 과학도 일본어로 씌어진 과학이 된다. 다만 과학이 아니라 과학기술을 말하는 경우 언어만으로 표현될 수 없는 것이 많이 포함된다. 어쨌든 어떤 언어로 과학기술을 표현하는가, 그것이 일상생활에서 사용되는 말과 어떻게 다른가 하는 질문은 과학의 모습을 설정하는 데 중요한 의미를 지닌다.

그래서 이것을 일본이 메이지 근대화 시기에 모델이 되었던 독일과 전후 줄곧 추구했던 미국 모델을 비교하여, 이들 모델이 어떻게 다른가, 독자의 모델을 만들어 왔는가를 검토하는 것은 의미 있는 일이라 할 수 있다.

이하에서는 ①활동의 중심, ②언어, ③유학생, ④첨단과학, ⑤연구비, ⑥학풍에 초점을 맞추어 여러 가지를 비교해 보자.

19세기 독일 모델

일본 과학은 전쟁 이전에는 독일을 모방했다고 한다. 메이지 시작부터 독일의 영향 아래에 있었다고 잘라 말하는 것은 아니지만, 19세기에 독일은 사회적으로는 영국과 프랑스를 뒤쫓고 있었으나 학문 분야에서는 가장 앞서 있었다. 전쟁 이전 일본인들의 과학관에는 독일형 모델이 강하게 박혀 있었다. 그러면 그 독일형 모델은 어떤 것을 말하는 것인가?아래에서는 그 특징을 살펴본다.

①대학이 연구와 교육 기능의 중심. 연구는 대학의 실험실과 세미나에서 이루어지고 교육은 학부에서 과학의

최첨단 분야를 가르친다.

19세기 독일의 대학에서 연구와 교육은 대학 수준에서는 병행되어야만 한다는 베를린대학의 창립자인 홈볼트의 이념이 받아들여지고 있었다. 물론 첨단과학을 연구의 제일선에서 직접 연구를 하는 연구자가 처음부터 그 내용들을 학생들에게 가르칠 수 있다. 그러나 실제로는 첨단 연구가 너무 앞서 나가 있었고, 새로운 지식을 대학생들에게 전달함에 있어서도 학생들은 그것을 이해하지 못하였으며, 연구의 최전선과 교육현장 사이에 상당한 차이가 있었다. 결국 연구와 교육에 괴리가 존재했다고 말할 수 있다.

②언어는 당시 국제 학술 표준어인 독일어 ·영어나 프랑스어도 사용되었다.

전쟁 이전 일본의 의학부는 독일을 모델로 하고 있었고, 진료기록카드에도 독일어를 사용하고 있었다. 그러나 독일어만으로는 최첨단 정보를 모을 수 없었기 때문에, 과학자들은 영어, 독일어, 불어의 3개 국어를 능통하게 구사할 수 있어야만 했다.

③유학생에게도 본국인과 같이 학위(Ph. D.)는 주어졌기 때문에 세계의 학술 중심지가 되었다.

미국인도 학자가 되기 위해서는 독일 유학 경험을 갖는 것이 보통이었으며, 전쟁 이전 일본의 관비유학생도 대부분 독일로 갔다.

④당시의 첨단과학기술은 화학.

19세기에 독일이 산업혁명에 접어들었을 때는 화학이 첨단과학기술이었다. 오늘날에도 화학은 독일이 앞선 분야이다.

⑤연구비의 출처는 개인 혹은 지방 정부.

19세기 초반 과학은 아직 대학에 뿌리를 내리지 못했기 때문에 과학자는 개인의 부엌을 실험실로 개조하여 연구하는 경우도 있었다. 19세기 중반부터는 대학의 붉은 벽돌 건물에 실험설비를 갖추게 되었고, 그 비용은 프러시아나 바바리아 등의 지방 정부가 부담하였다.

⑥학풍은 상아탑적이었고 지방 정부의 명예를 위한 것이었다.

독일은 비스마르크 이전에는 제국으로 국가통일이 되어 있지 않아 여러 領國(일본의 한〈藩〉과 같은 것)에서는 그 군주가 영국의 명예를 높이기 위해 유명한 학자들을 자신들의 지방대학에 초빙하려 했다. 대학에서는 교수 · 학생 모두 이동이 자유로워서 우수한 학자의 명성을 따라 학생도 옮겨다녔다. 이러한 과정에서 독일에는 학문을 육성하기 위한 '경쟁조건'이 성립되었다.

사회 · 경제적으로는 영국이나 프랑스보다 뒤처졌던 독일에서 학문만큼은 발달하였기 때문에 학자도 대학도 권위적이었고, 모두 대학에서 행해지는 것은 학문으로 볼 수 있었다.

20세기 미국 모델

전쟁 이전 일본인들은 미국은 발명과 실용적 기술은 발달하였지만 기초과학에서는 유럽에 비해 떨어진다는 평가를 하고 있었다. 사실은 독일이 1차대전에서 패하여 피폐해지고, 더구나 나치가 유대인 과학자들을 추방함으로써 전쟁 이전에 이미 세계 과학의 중심지는 독일에서 미국으로 이동하고 있었다. 미국은 국가적 부에서 유럽을 능가하고 있었기 때문에 값비싼 실험설비를 갖추어 거대과학을 만들고 있었다.

①대학원이 연구와 교육의 중심.

미국인들이 지금도 미국의 교육제도 중 가장 자랑하는 것이 대학원 제도이다. 일찍이 19세기 후반부터 시작된 이 제도는 20세기에 접어들면서 정착되어 박사학위를 목표로 하는 과정(course work)을 이수하고 학위논문을 작성하는 형식으로 정립되었다. 프랑스와 같은 중앙집권적인 국가와 달리 연방제 국가였기 때문에 독일과 유사하게 경쟁조건이 대학간에 생겨났다. 또 내부적으로 우수한 학생에게 장학금을 준다든가 열심히 하지 않는 학생에게는 학위를 수여하지 않는 신상필벌의 내부구조가 갖춰져 있다.

결국 학부 차원에서 교육과 연구를 통합하려 한 훔볼트의 이념은 독일에서는 그다지 성공적이지 않았으나 미국의 '대학원'에서는 연구와 교육의 일치가 가능하였다.

②언어는 국제 학술표준어인 영어. 어학에는 약함.

전쟁 이전에 미국 대학원생들은 박사학위를 취득하기 위해서는 독일어와 프랑스어를 할 수 있어야만 했다. 또한 유럽에 파견되었을 때 학자들과 토론을 할 수 있는 정도의 외국어 실력이 요구되었으나 전후에는 외국어는 읽을 수 있으면 충분하였고, 지금은 외국어 습득이 전혀 필요하지 않다. 영어만으로 연구원 생활에 부족함이 없기 때문에 이과계는 특히 어학이 약하다.

현재는 '영어 제국주의'가 세계를 풍미하고 있다. 미국인들은 훌륭한 연구업적은 대부분 영어로 씌어 있다고 믿고 있지만 이에 대해서는 약간의 의문이 남는다.

③유학생도 본국인과 같이 장학금, 학위를 받고, 외국인 과학자도 원칙적으로는 본국인과 같은 조건으로 고용될 수 있기 때문에 압도적인 세계의 중심이 되었다.

원래 미국은 이민이 만든 나라이기도 하고 과학기술 연구자가 맨주먹으로 사회적 출세를 할 수 있는 많은 직업이 존재하였기 때문에 두뇌유출된 학생·연구자가 많이 모여 대학 주변은 특히 세계주의적 분위기가 충만해 있다. 더욱이 이과계는 어학의 약점이 적기 때문에 컴퓨터과학 등에는 아시아 특히 중국계 연구자들이 그 선두를 점하고 있다.

다만 최근에는 연방정부의 연구개발비 지출이 감소하는 경향이 있어 외국인도 자국으로 돌아가는 이른바 두뇌회기 현상이 일어나고 있다.

④첨단과학기술은 전기. 전후는 전자와 우주.

미국의 과학기술은 모든 분야에서 강하지만 특히 20세기 초반에는 전기기술이 우월하였고, 전후는 냉전 구도 속에서 군사적 필요에 의해 전자와 컴퓨터 분야에서 세계를 지배하였다. 우주과학도 소련과 경쟁한 분야였지만 탈냉전 시대에서는 이러한 정부지출에 의한 거대과학이 유지될 수 없으리라는 우려가 있다.

⑤연구비의 지출은 연방 정부와 군이 주도함.

전쟁 이전에는 연구개발비의 7할을 민간 기업이 부담하였으나, 맨해튼 계획과 같은 전시과학동원이 성공적으로 수행된 이래, 정부가 연구개발비를 부담하여 국립연구소는 물론 기업과 대학에도 연구를 시키는 과학기술 구조가 냉전하에서 생겨났다. 현재 탈냉전에 들어서서 그 향방에 대한 논의가 활발하다.

80년대 레이건 정부 이래 기업도 자주개발, 즉 스스로 연구비를 충당하려 하고 있지만 일단 연방 정부에 의존하던 관습에 젖어 있어 좀처럼 전쟁 이전의 수준으로는 회복하지 못하고 있다.

⑥연구는 군사 중심. 민생으로 스핀 오프(spin off).

미군은 연구개발비를 군사과학에만 편중되게 집중 투

자하는 것이 아니라 기초과학에도 지출을 해왔다. 하지만 여전히 그 중심은 군사목적이다. 미국방부는 첨단군사기술이 민생용으로도 스핀 오프하여 사회에 공헌한다는 이유로 예산 청구를 하고 있다. 그러나 군사기밀로 지켜지는 과학기술정보가 어떻게 스핀 오프되는가에는 의문이 남는다. 군사라고 하는 극한적 환경에 적응할 수 있는 기술은 일상생활에 그대로 적용되기 어렵다. 가장 결정적인 약점은 군사과학기술 개발은 시장을 목적으로 한 것이 아니고 돈으로 셀 수 없는 국운·국위를 거는 것이기 때문에 엄청나게 비싸며 따라서 스핀 오프를 경제적으로 달성하기 어렵다는 점이다. 다만 컴퓨터 개발 초기에 나타나는 것과 같이 이해타산을 따지지 않고 개발했던 기초과학기술과 연구개발이 있었다는 것도 유념해야 한다.

전후 일본 모델

전후 특히 80년대 이후 일본의 과학기술 연구개발은 세계의 주목을 받아왔지만, 아직 그것을 모델로 받아들이는 나라는 별로 없다. 여전히 미국이 압도적인 영향력을 가지고 있다. 그러나 일본의 경우 기술이전의 성공적 사례로서 후발국의 모델이 되었다. 일본이 도달한 현재의 모습보다 그것을 이룩한 과정이 모델화될 수 있는지도 모른다.

①학부가 아직 교육의 중심. 연구는 기업 연구소와 대학 공동 이용 기관에서 이루어짐.

전쟁 이전 대학원은 취업까지 기다리는 기간에 불과하였고, 코스워크 등 제도적 조치는 제대로 갖추어져 있지 않았다. 박사과정으로의 연계도 잘 되어 있지 않았다. 전후에는 미국식 대학원 방향으로 개조할 예정이었지만 고급학위는 기업에서 높이 평가받지 못하여 좀처럼 발달하지 못했다. 다만 현재는 이공계 석사과정은 사회적으로 정착되었으며 박사과정도 점차 평가되기 시작했다. 그리고 대학 교수 임용에서는 일본 국내 박사과정(학위)도 국제적 수준으로 정착되었다.

그러나 최근에는 이공계 박사학위의 경우 대학원을 수료하고 기업에 들어가 대학보다 훨씬 더 좋은 시설을 사용하여 학위 논문을 작성하여 모교에 보내 박사학위를 받는 사람들이 많아지고 있다고 한다. 대학원의 정규 박사과정을 거치고 박사학위를 받은 사람들을 '과정박사'라 한다. 현재로서는 '논문박사'가 과정박사보다 많다. 이를 두고 대학원과정의 붕괴라고 말하기는 어렵다.

②언어는 일상적으로는 일본어, 학술용어는 영어.

일본 과학기술자는 2개 국어를 할 줄 안다. 생각은 일본으로, 독서는 영어로 하는 연구자가 적지 않고 대학에는 압도적으로 많다. 미국인이 일본 대학에서 연구할 경우 영어로 논문을 쓰기 때문에 일본 과학의 정보 수집에

부자유스러움을 느끼지 않는다. 그런데 일본 기업의 연구자는 원칙적으로는 영어로 쓰지 않기 때문에 그들로부터 정보를 얻기 어렵다. 게다가 기업이 대학보다 연구개발비를 많이 사용하기 때문에 미국인들은 일본 기업 연구소를 별로 달갑지 않은 곳으로 보는 것같다.

③유학생에 대한 배려는 적지 않다. 근래 아시아 유학생이 대학원 박사과정에 많다.

일본에 온 유학생은 대부분 학위논문은 영어로 쓰기 때문에 일본어 핸디캡으로 고심하는 사람은 적다. 유학생들은 국제어로 중요성이 크지 않은 일본어를 열심히 공부해도 이후 생활에 별다른 이득이 없다고 생각한다.

미국은 유학생을 받아들인 역사가 길고 장학금도 많다. 중국 유학생은 일류는 미국으로 이류는 일본으로 간다는 말이 있는데, 미국이 압도적으로 장학금이 많다는 점도 이유의 하나일 것이다. 최근에 일본 정부도 많은 유학생을 받아들이고 있다. 그 증가율은 매우 눈부시게 신장하고 있지만 절대수에서는 미국 유학생의 1할에도 미치지 못한다.

이공계 대학원 박사과정에 일본인이 별로 가지 않기 때문에 그 공백을 아시아 유학생들이 채우고 있는 곳이 많고, 아시아인이 대부분을 점하고 있는 곳도 있다.

④첨단과학기술은 전자.

역시 일본이 뛰어난 분야는 최근 눈부시게 발달한 하

이테크 분야이고, 화학 등의 분야에서는 아직도 독일에서 수입하는 특허가 많다.

⑤연구비는 기업이 압도적.

기업이 연구개발비의 8할 이상을 부담하는 현재의 구조에서 '일본에서 연구는 기업에서, 교육은 대학에서' 라는 혹독한 평가가 외국에서 통용되고 있다. 극단적인 말이긴 하지만 전부 부정할 수는 없다. 대기업은 국공립 연구소에 기대하지 않고, 대학도 극히 소수의 우수한 연구자 이외에는 졸업생을 기업에 보내는 곳으로밖에 평가하지 않는다.

⑥연구는 영리 중심.

영리 중심의 과학이므로 국위를 거는 거대과학을 수행하는 것은 어리석다는 점을 이해하고 있다. 연구개발 단계에서도 처음에는 수입품을 그대로 모조하는 일에서부터 시작한다. 기업이 기초 연구에서 시작된 자주 연구개발을 제대로 시작한 것은 80년대에 들어서면서부터이다. 그리고 미국과 비교하면 연구개발과 생산 부문이 밀접하게 연결되어 있고, 시장에서의 영업 부문과도 가깝다는 특징이 있다.

일본은 후발국의 모델이 되는가?

이상은 물론 단순화된 모델이며, 그것도 시시각각으로 변하고 있다. 미국은 예전처럼 외국인을 받아들일 여유가 없어졌고, 한국이나 대만에서 나타나듯이 전후 미국에 유출되었던 과학자가 이제는 자신의 능력을 발휘할 수 있는 직장이 모국에도 생김에 따라 두뇌회귀 현상이 생기고 있다. 일본에서는 대학이 빈곤하여 일본인은 석사를 마치고 기업에 들어가고, 대학원 박사과정에는 아시아 유학생들이 많아졌다.

이처럼 비교해 보면 ②의 언어나 ③의 유학생을 받아들이는 조건에서 일본은 세계의 중심이 될 자격은 도저히 없는 것으로 생각된다. 과학 중심부의 기능에는 공개된 과학논문을 심사하는 기준을 만들어 제시하고 권위있는 과학잡지를 발행하는 일이 있는데, 일본은 그것을 수행하는 데 언어상의 난점이 존재한다. 단지 문화적으로 친밀하다는 점에서 아시아 특히 구한자 문화권에서 중심적 역할을 할 수는 있다. 그러나 그것은 학계의 기능은 아니고 일본 대학을 나오면 일본 기업에서 선호되는 소위 '학벌·언어벌'에 지나지 않는다.

일본의 현저한 특징은 사적 과학(private science)의 우세이다. 과학기술의 '민영화'는 냉전 후 동서 양측에서 줄곧 얘기되어 왔는데, 일본은 그 경계지점의 모델일지도 모른다. 그러나 시장경쟁에서 민간 기업이 우위에 있는 과학기술이 지구환경 문제를 해결하는 데에는 가장 큰 적이 아닐까? 영리 중심의 일본 모델로서는 조만간 지구가 한계에 이르는 문제에 직면할 것이다.

일본 모델의 하나의 특징은 일본의 경우 자원이 빈약한 나라이기 때문에 오일쇼크 이전까지는 외국에서 석유를 수입하여 고도성장을 이룩하였다는 점이다. 오일쇼크 이후는 항상 자원을 덜 쓰는 과학기술을 추구하여 이것을 성공적으로 이끈 것처럼 보인다. 하지만 사실 그것은 에너지를 많이 사용하는 공업을 다른 나라로 이전한 것에 지나지 않는다. 일본 모델은 결국 지구 규모의 관점에서 보면 에너지 다소비형이다. 공업화되면 자원이 고갈되는 것은 당연한 일로 그것은 일본만의 문제는 아니다. 일본식 공업화가 중국과 같은 대국의 모델이 되면 중국이 일본처럼 되기 이전에 지구가 파괴될 것이다.

일본은 제3세계에는 하나의 선망 대상으로 세계 최첨단의 미국보다도 가깝게 도달할 수 있는 모델로 간주되고 있다. 그것은 자금을 별로 들이지 않아도 가능한 통산성의 캐치 업(catch up) 모델과 기술도입 네트워크 모델이다. 틀림없이 관이 주도하는 자국 산업을 선진국의 자유화 요구로부터 보호하고 그 기간 동안에 기술도입을 통해 일어선다는 방식은 아시아 NIES 나라들이 경제적 도약을 위해 많이 모방하는 방식이다.

그러나 통산성을 모델로 한 수출지향적 과학기술이 세계 도처에서 시험되어 지금까지는 성공적이지만 이제는 수출선이 좁아져 그 실효성이 점점 떨어져 간다.

일찍이 60년대에 제3세계는 선진국의 하이테크보다

지역에 합당한 적정기술의 채용을 주장하였다. 그러나 지역주민의 생활유지를 위한 적정기술은 수출시장에서는 제대로 경쟁할 수 없다. 그래서 최근 아시아 NIES나 ASEAN 여러 나라들에는 적정기술을 유지하자는 주장이 힘을 잃고 있다. 불안정한 시장지향의 과학기술을 계속 유지하고 국가간 기업간 경쟁에서 살아남기 위해서는 항상 경쟁상대를 물리쳐야 한다는 진보에 대한 과도한 집착을 계속 유지해야만 한다.

2. 진보에 대한 편집증

일본 역사를 돌이켜보면 근대 과학기술이 일본에 도입된 두 계기가 있었다. 긴 쇄국 이후의 막말 개국이 제1의 개국이며, 전쟁중의 쇄국에서 벗어난 전후 시대가 제2의 개국이다. 우리들의 주제인 전후의 위상을 보다 선명하게 하기 위해 우선 막말 개국을 살펴보자.

근대란 무엇인가?

일본인에게 근대과학이란 무엇인가? 도대체 근대란 무엇인가? 우리들 과학사 연구자 사이에서는 근대 이전을 다루는 사람과 근대 이후를 연구하는 사람에 따라 그 의미가 사뭇 다르다. 근대 이전을 연구하는 학자들은

'일본 과학의 독특한 점이 무엇인가' 라는 문제에 관심을 기울인다. 반면 근대 이후를 다루는 사람들은 한결같이 '서양 근대과학을 어떻게 받아들이고 어떻게 추구했는가' 하는 문제의식에서 연구한다.

그 양자를 구분하는 것은 무엇인가? 일본 역사에서는 페리(Methew Perry)의 일본 내항을 근대의 상징적인 기점으로 받아들이고 있다. 중국사의 입장에서는 1840년에 시작된 아편전쟁일 것이다.

일본인에게 '진보' 란 무엇인가

태평한 잠을 깨우는 上喜撰(증기선)
단지 네 척 때문에 밤에도 잠 못 이루고

이것은 일본의 역사 교과서에 인용된 일본인이면 누구나 아는 흑선 내항 때 불려졌던 광가(狂歌)[1]이다.

1853년 내항한 페리 제독이 이끄는 미국의 동인도 함대가 우라가(浦賀)에 들어왔을 때 일본인들은 단 4척의 흑선 때문에 많은 고민을 했다. 지금까지 본 적도 들은 적도 없는 검은 연기를 내뿜는 증기선이 보통 일본인에게는 주술적인 효과를 냈던 것이다. 쇄국하에서도 풍설

---

1) 통속적인 표현으로 해학 · 익살을 주로 읊은 와카(和歌).

서라는 신문 뉴스가 나가사키에서 전해져 당시 위정자와 시시(志士)들은 바로 직전인 1840년 영국이 중국을 침공하여 아편전쟁이 벌어졌다는 사실을 알고 있었다. 그것이 드디어 일본에까지 영향을 미쳤다. 일부 식자들, 예를 들어 요시다 쇼인(吉田松陰)이나 사쿠마 쇼잔(佐久間象山)은 정말 문자 그대로 잠 못 이루는 밤을 보냈다. 아편전쟁에서 패배한 '중국과 같이 되면 큰일이다' 라는 의식은 메이지 시대에 접어들어서도, 예를 들어 후쿠자와 유키치(福澤諭吉)의 탈아론(脫亞論)에도 되풀이 되었던 것이다.

그들은 무엇을 깨달은 것일까? 중국인은 물론 일본인도 서양 군사기술의 진보에서 서양의 힘을 깨닫게 된 것이다. 중국인은 아편전쟁에서 압도적인 영국 함대의 무력에 굴복했고, 일본인 양이파(攘夷派)는 사쓰에이(薩英)전쟁이나 바칸(馬關)전쟁에서 호되게 당했다. 이것이 동양적 전통과 근대 서양의 만남이었다.

그때 처음으로 일본인은 군사기술에 '진보' 가 있음을 뼈저리게 느끼게 되었다. 물론 18세기 전반부터 천문학에서는 일본이 모델로 하고 있던 중국 천문학보다 서양 천문학이 앞서 있다는 것을 다들 알고 있었고, 18세기 후반부터는 의사들이 란가쿠(蘭學)를 일으켜 서양문물에 호기심 어린 눈길을 보내고 있었다. 그러나 그것은 단지 일부 사람들의 마음을 사로잡은 문화현상에 불과

했다. 그런데 19세기에 접어들어 특히 나폴레옹 전쟁 이후의 서양 군사기술의 빠른 진보는 쇄국 일본을 뒤흔들었다. 그래서 페리 내항 때부터 무사계급이 모두 서양의 군사학을 배웠던 것이다.

서양에서는 18세기 계몽주의 시대에 이미 튀르고나 콩도르세 같은 사상가들이 근대의 진보를 인류의 진보로 간주하는 고상한 진보사관을 표방하였다. 그러나 중국인이나 일본인의 진보에 대한 관념은 그렇게 고상한 것이 아니었다. 아편전쟁을 준비해 온 영국인이 그러한 고상한 생각을 할 수 없었다. 미국인 페리도 비슷하게 볼 수 있을 것이다. 제2차 세계대전 중 일본 정부는 적국에 대한 적개심을 고취시키기 위해 '귀축미영(鬼畜米英)'이라는 말을 만들어 내었다. 이미 재즈는 물론 야구도 알고 있었던 일본인들로서는 그러한 말에 위화감도 들었지만 쇄국 당시의 일본인들에게는 페리 등은 정말로 '귀축미영'의 이미지가 있었다.

일본인들은 우선 군사기술을 진보시키지 않으면 살아남을 수 없다고 생각했다. 서양식의 대포를 주조하여 나라를 지키려 하였다. 여기까지는 중국이 일본보다 앞서 있었다. 그러나 19세기 중엽은 서양 군사기술이 계속 진보하던 시기였다. 쉽게 따라갈 수 있는 것이 아니었다. 무엇보다도 기본이 되는 '사회와 정부가 변해야만 한다'고 생각하는 가운데 메이지 유신에 이르렀다. 바로 이러한 인식에서 일본은 중국보다 앞섰던 것이다.

그래서 살얼음판을 걷는 심정으로 열강의 세력 균형 사이를 거치면서 살아남은 메이지 일본의 위정자들에게는 흑선의 공포는 '진보 편집증'으로 변화되어 줄곧 따라다녔다. 아니 '진보' 그것이 그들의 발상의 진원지였다. '진보하자. 그렇지 않으면 죽는다', '살아남기 위한 진보' 이러한 구호는 계몽주의적인 것이 아니라 틀림없이 우승열패, 약육강식, 적자생존, 생존경쟁의 사회진화론적, 사회다위니즘적 진보관이었다.

군사적 파행

'진보'라고 한마디로 얘기하지만 무엇을 진보로 볼 것인가에는 가치평가가 들어간다. 어떤 사회가 다른 사회보다 진보되어 있다고 하는 것은 간단하게 이야기할 수 없다. 사람들이 가지고 있는 가치의 척도가 다르기 때문이다.

그런데 과학에서 그것은 간단하다. 천문관측은 정확한 것이 좋다는 평가기준을 받아들이면 천문관측은 옛날부터 지금까지 지속적으로 발전해 온 것으로 볼 수 있다. 기술에서도 공작기계는 정밀한 것이 좋다는 평가기준을 받아들이는 사람들은 현재에 이르기까지 진보했다는 사실을 자연스럽게 받아들인다. 더욱이 군사기술은 전쟁을 해 보면 어느쪽이 승리하는 지가 명확하게 드러나기 때문에 진보의 궤적을 뚜렷이 알 수 있다.

그런데 일본인은 무엇보다도 군사기술의 진보에서 출발하여 '부국강병'을 꾀하였다. 군사적으로 방위와 침략은 그 경계가 명확하지 않다. 그래서 '군사기술을 발달시키면 살아남기 위한 방위에서 침공·침략의 방향으로 나아가게 되고, 제국주의적 환경에서 서양열강의 대열에 들어가게 된다.

근대 국가는 모두 군사기술을 지니고 있다. 다만 그중에서도 살아남기 위해, 뒤쫓아가기 위해 특히 메이지 정부는 군사에 편향하였다. 제국대학을 만들어 그 안에 군사기술인 조병학과, 화약학과를 두었고, 또 해군의 요청으로 군함을 만들기 위해 조선학과를 설치한 것은 서양의 대학에서는 좀처럼 찾아볼 수 없는 것이었다.

물론 근대 국가는 직접적인 군사기술만으로 유지될 수 없다. 그것을 지지해 주는 일반 산업기술과 기초과학이 있어야 한다. 군사에 편향되었다고 하지만 일본에서도 유카와 히데키와 같은 기초과학자도 배출되었다. 전쟁 이전에도 군축 시대가 있었으며, 항상 군사만 우선한 것은 아니었다.

그러나 만주사변 이후 연구비가 많이 지출되었다. 전후 공학부 교수들에 대한 설문조사에 의하면 전쟁중에는 외국 기술의 수입이 단절되어 군도 정부도 일본의 과학기술자들에게 의지하여야만 했기 때문에 자신들에게는 가장 좋았던 시기였다는 평가가 나온 일도 있다.

전후에 우리들은 전쟁 이전 일본 과학기술의 발자취를 살펴보며, 그것이 군사적 파행이었다는 평가를 내렸다. 다른 분야와 비교해 보아도 이러한 점은 잘 나타난다. 즉 전투기 설계에는 뛰어났지만 가장 기본적인 야금기술은 열세에 있었다. 전체 서양 제국에 대항하면서 단기간에 허둥지둥 군사면에서만 일류가 되려고 하였으나 과학기술 전체에서는 뚜렷이 열세에 있었다. 필자는 그것이 제2차 세계대전에서 패한 이유라고 본다.

전후 일본 과학기술의 현재—점령기의 방향전환

현재 일본인에게는 생각하기도 싫은 일이지만 원폭보다도 천황의 한마디로 국민은 패배를 납득하였다. 그러나 잘 생각해 보면 원자폭탄이라는 궁극의 무기기술에 있어서 일본이 미국에 뒤처져 있었던 것이 8월 15일의 천황의 항복방송으로 곧바로 연결된 요인이었다.

군사기술에서 뒤떨어졌기 때문에 일본은 패망했던 것이다. 천황의 주위에서는 '국체'를 수호하는 것이 무조건항복을 받아들이는 조건이었다. '국체'라는 이것도 현재의 세대에게는 이해하기 어려운 개념이지만 요컨대 '천황제를 중심으로 한 일본국'을 유지하자는 것이다. 그 점이 나치 정부가 완전히 붕괴한 독일의 패전과 다른 점이었다.

나라는 남았지만 군국 일본은 이제 끝났다. 그러나 직업군인과는 달리 일본의 과학기술진은 일찍부터 군사과학기술을 포기하고 있었다. 이제 군사과학기술은 넌더리가 났고 과학자들에게 더 이상 받아들여지지 않고 있다. 군의 지도자가 죽창으로 본토 결전을 외치는 것 같은 비합리적 행동을 거부한 것은 역시 과학자였다.

오히려 급한 것은 정부의 배급으로는 결코 생존하는 데 필요한 영양을 유지할 수 없었던 식량위기에서 국가보다도 개인 혹은 생물적 개체로서 살아남는 일이었던 것이다.

근대 이후 처음 경험한 대전쟁과 그에 이은 비참한 생활, 이러한 경험에서 일본은 제2의 개안을 했다. 그것은 여전히 서양을 따라간다고 하더라도 군사기술보다도 '경제부흥'을 위한 과학기술로 나아가자고 하는 대전환이다.

다만 양자에 공통되는 것은 과학기술을 특징으로 한 '진보'의 추구이다. 패전 직후의 위기에서 살아남은 일본인은 과학기술을 진보시킴으로써 유럽과 미국을 경제적으로 추격하려 하였다. '자원이 적은 일본국'은 지금까지는 군비를 강화하여 외국의 자원을 착취해 왔으나 군비를 포기한 전후는 과학기술의 진보에 의해서만 살아남을 수 있다는 생각이 일본의 과학계, 그리고 그것을 둘러싼 관·산·학계의 지도이념이 되었다. 역사 서술도 이 '진보 이데올로기'에 바탕을 두었다. 필자가 어릴 때 소학교 1년생 독본 교과서의 앞부분에 '앞으로, 앞으로, 군대 앞으로'라는 말이 있었는데, '군대'가 전후에는 '과학기술'로 대체된 것에 지나지 않았다.

진보 편집증을 탈피하자

전근대 일본 과학사와 근대 일본 과학사를 연구하는 과학사가들 사이에는 역사에 대한 관념과 연구방법에서 커다란 차이가 존재한다. 전자는 일본 과학의 문화사적 특이성에 주로 관심을 가지는 반면, 후자는 오로지 서양 과학기술의 최선두에 일본이 어떻게 추격을 하여 이를 추월하였는가 하는 문제를 유일한 평가기준으로 삼아 연구해 왔다. 과학이 보편적으로 진보하는 것이라면 이러한 '따라잡기' 사관은 근거가 있다. 이 때문에 많은 노력에도 불구하고 개발도상국의 과학사학자들은 지금까지 그러한 '진보 편집증'에서 벗어날 수 없었다.

필자를 비롯한 많은 과학사학자들이 젊었을 때 과학자에서 과학사학자가 되려고 생각한 것도 과학은 곧 '진보'라는 확고한 신념에서 비롯된 것이었다. 그것은 풍속사와 같이 치마의 길이가 길거나 짧은 것을 기록하는 역사와 다르다. 필자는 과학사에서 진보의 기반과 앞으로 나아가야 할 길을 찾는 작업이 충분히 의미가 있다고 생각한다. 말하자면 계몽주의사관, 진보주의사관, 실증주의사관을 표방하고 싶다.

그러나 1960년대 후반에 선진공업국의 여러 학문 분야에서 '학문 바로 세우기'가 일어났을 때 우리들에게도 직선적 진보사관에 기울어 있는 것이 아닌가 하는 반성이 심각하게 대두되었다. 당시 일본 사회는 고도성장을 마치고 이제 세계에서 진보의 제일선에 거의 접근한 상황이었다.

그 '따라잡기 사관'의 '부산물'로서 공해와 환경오염이 심각하게 되었다. 자원도 고갈되어 가고 있었다. 사실은 고도성장이 한창일 때인 60년대 전반에 성장 진보사관에서 해방될 수 있는 전환점이 있었다고 생각한다. 과학사가들 사이에서 그러한 일을 60년대 초에 일찍부터 언급했던 사람은 히로시게 데쓰(廣重徹)였다.

생각건대 일본 국민의 칼로리 섭취량이 적정치에 도달한 60년대 전반에 진보를 중지했어야만 하는 것인지도 모른다. 적어도 진보의 '방향'을 전환했어야만 했다. 과학기술에는 성장의 한계는 없다고 믿는 사람들도 그 패러다임을 전환하여 방향을 바꾸는 일에는 찬성할 것이다.

직선적으로 진보의 노선을 앞으로도 계속 넓혀 나간다면 그 앞에 무엇이 나타날 것인가? 그것이 잘 보이지 않기 때문에 불안하다. 아니 오히려 겨우 그것이 보이기 시작했던 것이 60년대 초부터이다. 그 앞은 공해와 환경 문제에 이르는 나락의 끝이 도사리고 있다.

그래서 70년대에는 우선 대학을 중심으로 한 대학분쟁, 학문 바로 세우기 그리고 사회에서의 반공해투쟁이 일어났다. 그리고 그것에 이은 두 번의 오일쇼크로 산업계도 개발노선을 종래의 중후장대에서 경박단소로 바꾸게 되었다.

그런 까닭에 80년대에 들어서 일본 과학기술은 특히 최근의 하이테크 부문에서는 세계의 최선두에 도달하였고 나아가 미국을 추월하기에 이르렀다. 그러나 이것은 곧바로 미국과의 기술마찰을 일으켜 '국제화'로 전환하지 않을 수 없었다. 그것은 일본 과학기술이 국가를 단위로 한 독자적 형태를 만들어 온 데서 비롯된 한계를 의미하였다.

나아가 90년대에 이르러 실로 반세기에 걸쳐 과학기술계를 지배했던 냉전 구조가 붕괴하자 미·소의 군산복합체가 연구개발을 이끌던 구조는 이제 재편성에 돌입하였다. 그 속에서 일본이 추구한 길은 분명히 특이한 것으로 군사·정치소국, 경제대국을 지향하여 군산복합체 주도인 세계의 대세와 반대되는 길을 걸어왔다. 더욱 구체적으로 말하자면 국가 주도의 과학이 약하고 민간기업에 의한 산업 연구개발이 강한 구조였다.

냉전 붕괴 속에서 여러 외국에서는 과학기술 연구개발을 민영화하려는 움직임이 있다. 이 경우 일본이 새로운 모델이 될 가능성도 있다. 그러나 과연 모든 나라, 인류가 전부 일본처럼 기업 우위의 과학기술 구조를 채용해도 좋은 것일까? 그렇게 될 경우 기업의 이윤추구 경쟁에 매몰돼 지구는 그 죽음의 시기를 앞당기게 될 것이다.

일본이 이미 국제적 수준에 도달한 지금 헤쳐 나가야만 하는 또 경쟁해야만 하는 상대는 누구인가? 앞으로는 일본 스스로 미래를 개척해야 하는 일이며 뒤로는 아시아 국가들에 의한 추격에 대비하는 것이다.

따라잡기에 열중할 때는 어떤 방향으로 행동할 것인가는 생각할 필요가 없었다. 추격당하는 입장에 선 나라가 최선두에 서서 어떤 방향을 정하면 따라가는 국가는 그대로 모방하는 것으로 족했다. 그러나 이제 그것은 불가능하다.

한편 '경쟁에 의한 진보' 는 인류의 진정한 목표 혹은 목적인가? 지금까지 과학기술은 경쟁원리에 뒷받침되어 발전해 왔다. 냉전 구조 속에서 국가간 경쟁, 기업의 시장경쟁, 연구자 사이의 우선권 다툼 등이 각각의 분야에서 진보에 자극을 주었다는 것은 부인하지 않는다. 그러나 경쟁원리만이 과학기술을 진보시키는 원리일까?

경쟁원리는 진보에서 하나의 수단에 불과한 것은 아닐까? 막말 이후 살아남기 위해 군사기술을 파행적으로 발전시키고 있던 시기에서 생존이 한층 보장된 시기로 이행했을 때 방향을 전환했어야 했다. 군비확대를 그대

로 유지하였기 때문에 '방위'에서 '침략'으로 나아가고
만 것이다. 전쟁 이전 어딘가에서 민생 방면의 과학기술
로 전환하였다면 좋았을 것이다. 이러한 측면에서 생각
해 볼 때 전후 경제부흥의 노선에서도 부흥한 시점에서
방향과 패러다임을 전환하는 것이 이롭다고 본다.

일본의 과학기술 특히 기업에서 행해지고 있는 연구
개발은 경쟁보다도 협조원리에 의한 것이라는 평가가
있다. 일본인은 서구인 만큼 경쟁을 좋아하지 않기 때문
에 첨단과학기술을 개척하는 데에서는 뒤떨어진다는 얘
기도 있다. 하지만 이러한 과학기술의 프론티어에서 일
본인의 협조원리에 의해 연구개발 능력을 충분히 발휘
할 수 없을까?

기대되는 서비스 과학

일본은 이미 서구를 따라잡았기 때문에 '추격하여 따
라잡아라'라는 진보사관의 편집증에서 해방되어 인류의
미래를 생각할 단계에 이르렀다고 필자는 생각한다.

보통 일반 시민들은 과학기술이 전쟁에 의한 살상이
나 환경파괴를 위해서가 아니라 인류의 복지를 위해 사
용되어야 한다고 지금까지도 굳게 믿고 있다. 사람들은
지금까지 생산하여 환경에 방출하여 온 과학기술의 산
물들을 재환원시켜 원래대로 돌리고 시장에 팔아 온 것
을 유지 · 보수할 책임을 과학기술에 부과한다. 이전의

과학기술활동은 관·산·학 부문, 즉 정부, 기업, 학계에 의해 평가된 것들뿐이었다. 필자는 그러한 것들과는 다른, 즉 시민 혹은 인류에 의해 평가되는 과학활동을 '서비스 과학'이라 부른다. 바로 공공 서비스를 위한 과학이 그것이다.

그러한 복지나 생활환경을 충실하게 하기 위한 과학기술은 경쟁조건에 의해 성립하는 것은 아니다. 원래 시민의 생활은 경쟁원리에 의해 성립하는 것은 아니므로 시민을 위한 과학기술도 경쟁에 의해 지탱될 필요는 없다. 지구환경 문제나 난민이나 기아와 같은 보다 사회과학적 문제도 경쟁조건에 의해 지지되는 과학기술적 과제는 아니다. 그것이 아직 아무도 본격적으로 시작하지 않은 인류·지구로 확대되는 것은 새로운 프론티어를 개발하는 일로 이어질 것이다.

원자폭탄도 독가스도 국가를 위해, 국가에 의해 평가되기 때문에 개발된 과학기술이다. 기업기밀로 지켜지며 행해지는 과학기술은 눈앞의 이윤 때문에 반사회적 연구개발이 이루어지고 시민의 눈이 미치지 못한다. 시민에 의해 평가되는 과학기술은 앞의 두 과학기술에 비해 더욱 안전하다고 할 수 있다. 국가가 이끌지도 않고 기업이 취급하지도 않지만 사회가 그리고 시민이 평가자로서 참가하여 이룩하는 과학기술이 필자의 헛된 꿈에 지나지 않는 것일까?

저자 후기

나는 지난 12년 간 도요다(豊田)재단의 도움을 받아 '전후 일본의 과학기술과 사회' 라는 주제를 가지고 공동 연구를 맡아왔다. 그 성과가 바로 이 책과 거의 동시인 1995년 6월 12일에 『통사—일본의 과학기술』로 출간되었다. 그 동안의 성과를 일본 독자들에게 전할 수 있는 매체를 찾으려는 노력이 이 책이다. 공동 연구를 한 50명의 집필자 및 그 중간 보고서였던 『전후 과학기술의 사회사』의 집필자들에게 신세를 많이 졌다.

무엇보다도 이 책을 집필할 당시에는 같이 진행하고 있던 프로젝트는 아직 그 결과가 간행되지 않았다. 따라서 이 책이 그 프로젝트의 집약을 의도했다고 말할 수는 없다. 결론 부분은 전적으로 나의 개인적인 의견이다. 필자 자신 특히 최근에 사용될 수 있게 된 점령군 자료에 의한 새로운 발견이 많았기 때문에 전후의 출발점, 즉 '기' 의 위상에 역점을 두었다. 그리고 전후 일본 과학 기술의 방향전환과 그 이후의 기점의 계승과 수정이라는 관점에서 전후의 흐름을 파악하였다. 집필중 Tessa

Morris-Suzuki의 *The Technological Transformation of Japan*(Cambridge U. P., 1994)에서 많은 시사를 받았다.

끝으로 전후 50주년에 흡족하게 저자를 편달해 준 이와나미신쇼(岩波新書) 편집부의 담당 편집자 야마다 마리(山田まり) 씨에게 고마움을 전한다.

역자 후기

이 책은 일본의 원로 과학사학자인 나카야마 시게루 (中山茂) 선생의 『科學技術の戰後史』(東京 : 岩波書店, 1995)를 번역한 것이다. 그는 많은 저서와 연구논문을 가지고 있으며 지금도 활발한 활동을 벌이고 있다. 최근 그는 2차 세계대전 이후 일본 과학기술의 발달과정에 대한 연구 프로젝트를 맡아왔는데, 그 연구의 성과에 바탕으로 일반 독자들을 위해 문고판으로 엮은 것이 이 책이다.

역자가 이 책을 번역하게 된 동기는 대체로 두 가지 이유에서이다. 우선 우리나라 독자들에게 2차 세계대전 이후 일본 과학기술의 발전과정을 대략적으로 소개하려는 목적이다. 우리나라에는 아직까지 일본 과학사 혹은 기술사를 연구하거나 저술한 학자가 아무도 없다. 따라서 이제 일본 과학기술사를 공부하려는 역자는 한국의 독자들에게 일본 과학기술사를 '소개' 해야겠다는 의무감이 들었다. 그래서 전쟁 이후 오늘의 일본에 대해 다룬 나카야마 선생의 이 책을 번역하게 된 것이다.

번역의 두번째 이유는 이 책이 담고 있는 독특한 시각이다. 이 책은 전후 일본 과학기술의 발전과정을 '기승전결'로 개념화하면서 그 시대마다의 특징을 비교적 잘 짚어내고 있다. 또한 앞으로 일본 과학기술이 나아가야 할 바에 대해서도 저자 나름의 탁견이 돋보인다. 예를 들어 '서비스 과학'의 개념이 그러한 것이다. 역자도 산업혁명 이후 특히 20세기에 들어 '경제적 발전'과 '군사력'을 중심으로 발전시켜 온 과학기술에 대한 시각을 바꿀 시점이 되었다고 생각한다. 우리나라의 경우도 오로지 경제발전의 도구로만 과학기술을 보는 시각이 이제는 재검토되어야만 하는 시기가 되었다고 본다.

물론 이 책은 적은 분량의 책이 많은 내용을 다룰 때 나타나는 문제점도 있다. 예를 들어 논의의 전개가 어설픈 부분이 많고, 어떤 경우에는 엄밀한 논증이 없이 저자 자신의 주장만 강하게 부각되기도 한다. 하지만 이러한 단점에도 불구하고 이 책은 전후 일본을 정확하게 이해하는 데 중요한 한 요소인 과학기술의 발전을 조망하는 데 도움을 줄 것이라고 확신한다.

이 책의 번역은 한림대학교 일본학과 남기학 교수님의 추천과 지명관 소장님의 후원으로 가능하였다. 두 분께 감사드린다. 그리고 번역이 너무 늦어져 많은 심려를 끼쳐 드리게 된 데 대해 일본학총서 관계자 여러분께 용서를 바란다. 끝으로 어설픈 번역으로 두려움이 앞서지

만 이 책이 우리나라 일본학 발전에 조금의 보탬이라도
된다면 더없이 기쁘겠다.

오동훈

저자/나카야마 시게루(中山茂, 1928~)

1928년 일본 효고(兵庫)현 출생

도쿄대학 이학부 졸업

미국 하버드대학 박사(과학사)

현재 가나가와(神奈川)대학 교수

저서 『科學と社會の現代史』(岩波書店, 1981), 『幕末の洋
      學』(ミネルバウア書房, 1984), 『日本の技術力, 戰後
      史と展望』(朝日新聞社, 1986), 『轉換期の科學觀』
      (日本經濟新聞社, 1980), 『帝國大學の誕生―國際
      比較の中での東大―』(中央公論社, 1978)

      中山茂, 後藤邦夫, 吉岡齊, 『通史―日本の科學技
      術』(學陽書房, 1995)

      Shigeru Nakayama, *A History of Japanese Astronomy*
      (Cambridge : Harvard University Press, 1969)

      Shigeru Nakayama, *Science, Technology and Society in
      Postwar Japan* (London : Kegan Paul International,
      1991)

역자/오동훈(吳東勳, 1967~)

1967년 경남 거제 출생

1991년 고려대학교 물리학과 졸업

1994년 서울대학교 대학원 석사과정 졸업(과학사 전공)

현재 서울대학교 박사과정(전공 : 일본 과학사), 숙명여자
      대학교 강사

저서 「삼극진공관의 기원과 드 포리스트」, 『한국과학사학
      회지』 제18권 제1호(1996)

      오동훈·이관수, 『사회 속의 과학, 과학 속의 사회』
      (한샘출판사, 1995)

한림신서 일본학총서 발간에 즈음하여

1995년은 제2차 세계대전이 끝나고 우리나라가 일본 식민지에서 해방된 지 50년이 되는 해이며, 한·일간에 국교정상화가 이루어진 지 30년을 헤아리는 해이다. 한·일 양국은 이러한 역사를 되돌아보면서 앞으로 크게 변화될 세계사 속에서 동북아시아의 평화와 번영을 추구해야 하리라고 생각한다.

한림대학교 한림과학원 일본학연구소는 이러한 역사의 앞날을 전망하면서 1994년 3월에 출범하였다. 무엇보다도 일본을 바르게 알고 한국과 일본을 비교하면서 학문적, 문화적인 교류를 모색할 생각이다.

본 연구소는 일본학에 관한 자료를 수집하고 제반 과제를 한·일간에 공동으로 조사 연구하며 그 결과가 실제로 한·일관계 발전에 이바지할 수 있도록 노력하고자 한다. 그러한 사업의 일환으로 여기에 일본에 관한 기본적인 도서를 엄선하여 번역 출판하기로 하고, 널리 보급하려는 뜻에서 신서판 일본학총서로 발간하기에 이르렀다. 아직 우리나라에는 일본에 관한 양서가 충분히 소개되지 못했다고 느껴지기 때문이다.

본 연구소는 조사와 연구, 기타 사업이 한국 전체를 위해야 한다고 생각하며 한·일 양국만이 아니라 다른 여러 나라의 연구자나 연구기관과 유대를 가지고 세계적인 시야에서 일을 추진해 나갈 것이다. 그러므로 누구나 열린 마음으로 본 연구소가 뜻하는 일에 참여해 주기를 바란다.

한림신서 일본학총서가 우리 문화에 기여하고 21세기를 향한 동북아시아에 상호 이해를 더하며 평화와 번영을 증진시키는 데 보탬이 되기를 바란다. 많은 분들의 성원을 기대해 마지 않는다.

1995년 5월
한림대학교 한림과학원 일본학연구소